北京市共建项目——《国际关系学院信息技术创新实践基地》资助项目
国际关系学院中央高校基本科研业务费项目(3262015T70)
北京市教育科学"十三五"规划 2016 年度立项课题(3048-0003)
——《网络空间安全一级学科创新人才培养机制研究》资助项目

# 物 联 网 概 论

周新丽　主编

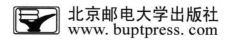

北京邮电大学出版社
www.buptpress.com

# 内 容 简 介

本书主要介绍了物联网理论、技术和应用。内容包括物联网的定义、发展概况、物联网感知层、自动识别技术和 RFID 技术、传感器技术、近距离通信技术和 ZigBee 技术、远距离移动通信技术、数据融合、物联网的信息安全、物联网应用等。

本书可作为普通高等院校物联网概论等相近课程的教材,也可供物联网、计算机及相关专业的教学人员、科研人员或相关人员使用。高职高专类学校也可以选用本教材,使用时可以根据学校和学生的实际情况略去某些章节。

**图书在版编目(CIP)数据**

物联网概论 / 周新丽主编 . -- 北京:北京邮电大学出版社,2016.8(2021.8 重印)
ISBN 978-7-5635-4799-9

Ⅰ.①物… Ⅱ.①周… Ⅲ.①互联网络—应用②智能技术—应用 Ⅳ.①TP393.4②TP18

中国版本图书馆 CIP 数据核字(2016)第 148141 号

| | |
|---|---|
| 书 名:物联网概论 | |
| 著作责任者:周新丽 主编 | |
| 责任编辑:徐振华 孙宏颖 | |
| 出版发行:北京邮电大学出版社 | |
| 社 址:北京市海淀区西土城路 10 号(邮编:100876) | |
| 发 行 部:电话:010-62282185 传真:010-62283578 | |
| E-mail:publish@bupt.edu.cn | |
| 经 销:各地新华书店 | |
| 印 刷:唐山玺诚印务有限公司 | |
| 开 本:787 mm×1 092 mm 1/16 | |
| 印 张:11.5 | |
| 字 数:284 千字 | |
| 版 次:2016 年 8 月第 1 版 2021 年 8 月第 4 次印刷 | |

ISBN 978-7-5635-4799-9 定 价:25.00 元

# 前　　言

　　物联网是一种实现物理世界和信息空间互连和整合的新型技术,代表着信息技术重要的发展趋势。中科院院士何积丰表示,未来的物联网技术要得到发展,需要在信息采集与处理、芯片研发和算法设计等方面有所突破,而做到这些的关键是如何培养人才。目前,教育部审批设置了"物联网工程""传感网技术"和"智能电网信息工程"3个与物联网技术相关的专业。物联网成为国家倡导的新兴战略性产业,掌握相关理论和技术可以从事物联网的通信架构、网络协议和标准、无线传感器、信息安全等的设计、开发、管理与维护,也可在高校或科研机构从事科研和教学工作。

　　本书分为8章。第1章针对物联网的定义、发展概况、架构、关键技术及应用领域进行了简要介绍。第2~4章介绍了物联网的感知层:第2章讲解了自动识别技术和RFID技术;第3章讲解了传感器技术;第4章介绍了传感器网络、近距离通信技术和ZigBee技术。第5章介绍了物联网的远距离移动通信技术。第6章介绍了物联网的数据融合问题。第7章介绍了物联网的信息安全问题。第8章介绍了物联网的应用及其典型应用案例。

　　本书附录A为各章习题答案;附录B为物联网大事记;附录C是物联网常用词汇的中英文对照表。

　　本书每章之后附有习题,可在教学过程中练习使用。本书可作为普通高等院校物联网概论或物联网技术等相近课程的教材,也可供物联网、计算机及相关专业的教师、学生、科研人员或相关人员使用。高职高专类学校也可以选用本教材,使用时可以根据学校和学生的实际情况略去某些章节。

周新丽
于国际关系学院

# 目　　录

# 第1章 绪 论

## 前 言

本章讨论了物联网的起源与发展、定义特征、体系结构和应用领域,本章系统地阐述了物联网的层次划分,提出了 3 层体系结构。对物联网和相关概念以及相近概念进行了分析。希望本章能为读者展示一个鲜明的物联网世界,进一步激发探索物联网的兴趣。

## 教学目标

| 知识要点 | 能力要求 |
|---|---|
| 了解物联网的概念和特点 | ① 了解物联网的发展历程<br>② 掌握物联网的定义<br>③ 相关概念辨析 |
| 物联网的发展状况 | 了解美国、欧洲、日韩、中国物联网发展状况 |
| 掌握体系架构和初步了解关键技术 | ① 掌握物联网的三层架构<br>② 初步了解关键技术 |

## 推荐资料

[1] 国务院关于推进物联网有序健康发展的指导意见. 国发[2013]7 号.

[2] 工业和信息化部电信研究院.物联网白皮书(2011).

[3] 通信产业网.欧洲、美国、日韩及中国物联网发展战略.(2010-11-17)[2016-03-26]http://www.ccidcom.com.

[4] 王平.物联网概论.北京:北京大学出版社,2014.

[5] 宁焕生.RFID 重大工程与国家物联网.北京:机械工业出版社,2012.

在互联网大规模应用的基础上,由于通信、控制和感知等技术的快速发展,信息技术将构成人与物、物与物之间互联的网络,这就是物联网(The Internet of Things,IOT)。物联网是继计算机、互联网和移动通信后的又一次信息革命。可以想象,当电网、铁路、桥梁、大

坝、汽车、家居等物理实体嵌入了传感器,从而形成网络的时候,我们将进入智能管理,也是智慧地球的网络新时代。

# 1.1 基本概念

## 1.1.1 产生背景

我们可以通过表 1-1 直观看到物联网的起源和历史发展。

表 1-1 物联网的起源和历史发展

| 时 间 | 起 源 | 发 展 |
|---|---|---|
| 1995 年 | 比尔·盖茨在《未来之路》 | 首次提出"物联网"的设想,只是当时受限于无线网络、硬件及传感设备的发展,并未引起重视 |
| 1998 年 | 美国麻省理工学院(MIT) | 提出了 EPC 系统的物联网构想 |
| 1999 年 | 美国 MIT AUTO-ID 中心 | 在物品编码、RFID 技术基础上,提出物联网的概念 |
| 2005 年 11 月 | 国际电信联盟(ITU) | 发布了《ITU 互联网报告 2005:物联网》。报告指出,无所不在的"物联网"通信时代即将来临,世界上所有的物体从轮胎到牙刷、从房屋到纸巾都可以通过因特网主动进行交换信息。射频识别技术(RFID)、传感器技术、纳米技术、智能嵌入技术是实现物联网的四大技术,将得到更加广泛的应用。国际电信联盟专门成立了"泛在网络"社会国际专家工作组,是物联网的常设咨询机构 |
| 2008 年 | 美国国家情报委员会(NIC) | 发表的《2025 对美国利益潜在影响的关键技术》报告中将物联网设为 6 种关键技术之一 |
| 2009 年 1 月 | IBM 首席执行官彭明盛 | 提出"智慧地球",其中物联网为"智慧地球"不可或缺的一部分 |
| 2009 年 | 奥巴马 | 就职演讲后已对"智慧地球"构想提出积极回应,并提升到国家级发展战略 |

各个国家也开始部署物联网的规划,我国也把物联网提升到国家战略层面,温家宝总理在《政府工作报告》中将"加快物联网的研发应用"纳入重点振兴产业。物联网也被正式列为国家五大战略性新兴产业之一,写入"政府工作报告"。欧洲、日本、韩国等也相继出台了自己的发展计划。有人说物联网在历史丰碑上应该为奥巴马和温家宝记功,世界两个超级大国政要的呼吁推动了物联网的浪潮。

## 1.1.2 物联网的定义

物联网包含了感知技术、网络技术、自动化技术等多领域,物联网是我国的称呼方法,美国称其为 CPS(Cyber-Physical Systems),欧盟称其为 IOT(Internet of Things),日本称其为 U-JAPAN(Ubiquitous,泛在),其定义还有很多。

1999 年 MIT 提出的物联网的定义很简单:把所有物品通过射频识别等信息传感设备与互联网连接起来,实现智能化管理。这里有两个重要的观点:一是物联网要以互联网为基础发展起来;二是 RFID 是实现物品与物品连接的主要手段。

目前,不同领域的研究者对物联网思考所基于的起点各异,对物联网的描述侧重于不同的方面,短期内还没有达成共识。下面给出几个具有代表性的物联网定义。

**定义 1.1**　由具有标识、虚拟个性的物体和对象所组成的网络,这些标识和个性运行在智能空间,使用智慧的接口与用户、社会和环境的上下文进行连接和通信。——2008 年 5 月,欧洲智能系统集成技术平台(EPoSS)。

**定义 1.2**　物联网是未来网络的整合部分,它以标准、互通的通信协议为基础,具有自我配置能力的全球性动态网络设施。所有实质和虚拟的物品都有特定的编码和物理特性,通过智能界面无缝链接,实现信息共享。——2009 年 9 月,欧盟第七框架 RFID 和互联网项目组报告。

**定义 1.3**　物联网指通过信息传感设备,按照约定的协议,把任何物品与互联网连接起来,进行信息交换和通信,以实现智能化识别、定位、跟踪、监控和管理的一种网络。它是在互联网基础上延伸和扩展的网络。——2010 年 3 月,我国政府工作报告所附注的注释中物联网的定义。

**定义 1.4**　物联网是通信网和互联网的拓展应用和网络延伸,它利用感知技术与智能装置对物理世界进行感知识别,通过网络传输互联,进行计算、处理和知识挖掘,实现人与物、物与物信息交互和无缝连接,达到对物理世界实时控制、精确管理和科学决策的目的。——工业和信息化部电信研究院发布的《物联网白皮书(2011)》。

**定义 1.5**　物联网实现人与人、人与物、物与物之间的任意通信,使联网的每一个物件均可寻址,联网的每一个物件均可通信,联网的每一个物件均可控制。——2010 年,邬贺铨院士。

### 1.1.3　物联网与互联网、传感网的联系与区别

现在有很多名词概念和物联网相近或相关,互联网、无线网、传感网与物联网的关系如图 1-1 所示,把它们之间的关系、不同点弄清楚,对我们理解物联网非常有益。

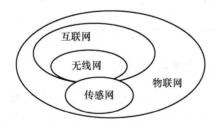

图 1-1　几种网络的关系

**1. 物联网与互联网**

物联网与互联网的比较如表 1-2 所示。

表 1-2　物联网和互联网的比较

| 不同之处 | | 相同之处 |
| --- | --- | --- |
| 互联网 | 物联网 | |
| ① 互联网是物联网的基础<br><br>② 互联网强调机器与机器的连接<br><br>③ 互联网指的是通过 TCP/IP 将异种计算机连接起来,实现计算机之间资源共享的网络技术;互联网包括基于 IP 数据分组技术和使用 TCP/IP 的全部业务和应用<br><br>④ 互联网初始没有考虑安全问题 | ① 物联网是互联网连接对象、应用领域的延伸<br><br>② 物联网是人、物、机器连接<br><br>③ 物联网特有的感知层中的传感器和 RFID 技术可以实现"物物相联",目前物联网的网络构建仍然要借助互联网的技术,如 3G、4G、WiFi、蓝牙技术等<br><br>④ 物联网的安全性、可靠性要求更高 | 物联网和互联网的共同点是:技术基础是相同的,即它们都是建立在分组数据技术基础之上的 |

**2. 物联网和无线网**

物联网底层关键是 RFID 和传感器网络,是集成了监测、控制以及无线通信的网络系统。传感器节点具有的能量、处理能力、存储能力和通信能力等十分有限;节点数目更为庞大,节点分布更为密集,由于环境影响和能量耗尽,节点更容易出现故障;环境干扰和节点故障容易造成网络拓扑结构的变化。由于有这些特点存在,传统无线网络的首要设计目标是提高服务质量和高效率带宽利用,其次才考虑节约能源;而物联网的首要设计目标是能源的高效使用。

**3. 物联网与传感网**

传感网是包含互联的传感器节点的网络,这些节点通过有线或无线通信交换传感数据。传感器节点是由传感器和可选的能检测处理数据及联网的执行元件组成的设备。传感器网络具有资源受限、自组织结构、动态性强、应用相关、以数据为中心等特点。物联网与传感网的比较如表 1-3 所示。

表 1-3　物联网和传感网的比较

| 传感网 | 物联网 |
| --- | --- |
| 狭义的物联网就是传感网 | 广义物联网是"泛在网络",无所不在、无所不包 |
| 传感器节点仅仅感知到信号 | 物联网既有传感器感知信号,又有对物体的标识 |
| 仅提供小范围内的信号采集和数据传递 | 物品到物品的连接能力 |
| 从技术角度传感器网络 | 从产业和应用角度谈物联网 |

### 1.1.4　物联网与 EPC 的联系与区别

EPC(Electronic Product Code,电子产品编码)是由美国麻省理工学院的自动识别研究中心(Auto-ID Center)开发的,2003 年 11 月,国际物品编码协会(EAN-UCC)正式接管了 EPC 在全球的推广应用工作,成立了电子产品代码全球推广中心(EPC Global),标志着 EPC 正式进入全球推广应用阶段。

EPC 以 RFID 标签作为载体,代码通过物联网进行电子数据交换,随着实物在现实社会中流通。任何东西都在物联网上,每个物品都有唯一的 EPC 代码,这样就可以通过物联网查到档案的情况,防伪的问题和一系列问题都得到解决。

### 1.1.5　物联网和 CPS

**1. CPS**

信息物理系统(Cyber Physical Systems,CPS)是计算机驱动的数字世界和物理世界交互的网络系统,该系统通过传感器和执行器将数字系统连接到物理世界,具有关键的监视和控制功能,美国把这种连接物理系统的网络称为 CPS。

信息物理系统包含将来无处不在的环境感知、嵌入式计算、网络通信和网络控制等系统工程,使物理系统具有计算、通信、精确控制、远程协作和自治功能。它注重计算资源与物理资源的紧密结合与协调,主要用于一些智能系统上,如机器人、智能导航等。

CPS 是在环境感知的基础上,深度融合计算、通信和控制能力的可控、可信、可扩展的网络化物理设备系统,它通过计算进程和物理进程相互影响的反馈循环实现深度融合和实时交互来增加或扩展新的功能,以安全、可靠、高效和实时的方式检测或者控制一个物理实体。

**2. 区别**

① CPS 是美国的称呼方法,物联网是中国的名称。CPS 定义出现在国际电信联盟有关物联网的定义以及 PCAST 咨询有关报告。

② CPS 更加强调循环反馈。CPS 侧重于物联网内部的技术内涵;而物联网侧重于 CPS 在生活中的应用。

### 1.1.6　物联网与 M2M、大数据、云计算的联系

**1. M2M**

M2M(Machine-to-Machine,机器对机器)就是机器与机器的对话。M2M 不是什么新概念,如我们上班用的门禁卡、超市的条码扫描、NFC 手机支付均属这个范畴。M2M 通信与物联网的核心理念一致,不同之处是物联网的概念、所采用的技术及应用场景更宽泛。而M2M 则聚焦在无线通信网络应用上,是物联网应用的一种主要方式。

我们要注意"物联网"定义中的"巨大"和"网络"两个关键词,M2M 是一个点,或者一条线,只有当 M2M 规模化、普及化,并彼此之间通过网络来实现智能的融合和通信,才能形成"物联网"。所以,星星点点的、彼此孤立的 M2M 并不是物联网,但 M2M 的终极目标是物联网。

**2. 物联网和大数据**

物联网产生大数据。我们现在处于大数据时代,全世界物联网上虚拟网络上,产生了大量的数据。物联网产生的大数据与一般的大数据有不同的特点。物联网的数据是异构的、多样性的、非结构和有噪声的,更大的不同是它的高增长率。物联网的数据有明显的颗粒性,其数据通常带有时间、位置、环境和行为等信息。物联网数据可以说也是社交数据,但不是人与人的交往信息,而是物与物、物与人的社会合作信息。物联网的混搭将使物联网的数据变得更有用,将物联网感知的数据与通过社会媒体获得的数据结合,就是人跟机器的社会联网,将使决策更科学。

大数据技术助力物联网。随着物联网的广泛应用,加上使用先进的自动数据生成和采集工具,数据挖掘从大量数据中提取出隐藏在数据之后的有用信息,在物联网中数据处理将会有重要的用武之地。

**3. 物联网和云计算**

首先,云计算是实现物联网的核心,运用云计算模式使物联网中以兆或吉比特计算的各

类物品的实时动态管理和智能分析变得可能。物联网通过将射频识别技术、传感技术、纳米技术等新技术充分运用在各行业之中,将各种物体充分连接,并通过无线网络将采集到的各种实时动态信息送达计算机处理中心进行汇总、分析和处理。建设物联网的三大基石包括:

① 传感器技术的成熟应用;
② 网络接入、传输带宽的变化;
③ 数据处理智能化:高效的、动态的、可以大规模扩展的技术资源处理能力。

其中第三个基石——"高效的、动态的、可以大规模扩展的技术资源处理能力"——正是通过云计算模式帮助实现的。

其次,云计算促进物联网和互联网的智能融合,从而构建智慧地球。物联网和互联网的融合,需要更高层次的整合,需要"更透彻的感知,更安全的互联互通,更深入的智能化"。这同样也需要依靠高效的、动态的、可以大规模扩展的技术资源处理能力,而这正是云计算模式所擅长的。同时,云计算的创新型服务交付模式,简化服务的交付,加强物联网和互联网之间及其内部的互联互通,可以实现新商业模式的快速创新,促进物联网和互联网的智能融合。

# 1.2 全球物联网发展现状

业内专家认为,物联网涉及下一代信息网络和信息资源的掌控利用,有望成为管理全球的主要工具之一,因此受到了各国政府、企业和学术界的重视。目前,美国、欧盟、日本、韩国等国家都在投入巨资深入研究物联网,我国政府也重视中国物联网建设。

## 1.2.1 美国物联网产业的创新发展战略与进程

### 1. 美国"智慧地球"战略

"智慧地球"(Smarter Planet)这一概念于 2008 年 11 月由 IBM 公司首席执行官彭明盛首次提出,其战略核心就是"云计算(Cloud Computing)+物联网"。"智慧地球"概念一经提出,就上升至美国的国家战略,并在世界范围内引起轰动。该战略认为 IT 产业下一阶段的任务是把新一代 IT 技术充分运用到各行各业中。具体地说,就是把感应器嵌入和装备到电网、铁路、桥梁、隧道、公路、建筑、供水系统、大坝、油气管道等物体中,并且普遍连接,形成所谓"物联网",然后将"物联网"与现有的互联网整合起来,实现人类社会与物理系统的整合,在这个整合的网络中,存在能力超级强大的中心计算机群,能够对整合网络内的人员、机器、设备和基础设施实施实时的管理和控制。在此基础上,人类可以以更加精细和动态的方式管理生产和生活,达到"智慧"状态,提高资源利用率和生产力水平,改善人与自然间的关系。

### 2. 美国物联网规划

美国非常重视物联网的战略地位,国家情报委员会将物联网列为 6 种关键技术之一。国家科学基金会的全球网络环境研究(GENI)把在下一代互联网基础上组建物联网作为重要内容。美国在更加大力度地进行物联网、信息化战略部署,推进信息技术领域的企业重组,巩固信息技术领域的垄断地位。

美国在物联网的基础架构、关键技术上有优势地位,EPC global 标准已经在国际上取得主动地位,许多国家采纳了这一标准架构。并且美国在物联网技术研究开发和应用方面一直居世界领先地位,RFID 技术最早在美国军方使用,无线传感网络 WSN 也首先用在作战时的单兵联络。新一代物联网、网格计算技术等也首先在美国开展研究,新近开发的各种无线传感技术标准主要由美国企业所掌控。在智能微机电系统(MEMS)传感器开发方面,美国也领先一步,德州仪器、英特尔、高通、IBM、微软在通信芯片和通信模块设计制造上全球领先。2010 年,美国 Digi 公司率先推出物联网无线构建平台。这些技术将为物联网发展奠定良好的基础。

**3. 美国物联网发展的特点**

政府:言论高调、行动低调,重心放在谋划下一代网络基础设施上。

企业:在政府高调言论的支持下,结合企业全球业务的优势,大炒概念。

### 1.2.2 欧、日、韩等国的创新发展战略与进程

**1. 欧盟"欧洲物联网行动计划"战略**

在美国"智慧地球"这一战略的刺激和推动下,欧盟委员会(EC)确立"物联网"为欧洲信息通信技术的战略性发展计划。

2009 年 6 月,欧盟委员会宣布了"欧洲物联网行动计划"(Internet of Things—An Action Plan for Europe),将各种物品如书籍、汽车、家用电器甚至食品连接到网络中,确保欧洲在构建下一代智能化新型互联网络的过程中起到主导作用。行动计划包括 14 项内容,主要包括管理、隐私及数据保护、"芯片沉默"的权利、潜在危险、关键资源、标准化、研究、公私合作、创新、管理机制、国际对话、环境问题、统计数据和进展监督等一系列工作。欧盟认为,此项行动计划将帮助欧洲在互联网的变革中获益,同时也提出了将会面临的挑战,如隐私问题、安全问题以及个人的数据保护问题等。

欧盟促使现有标准向包含物联网应用方面延伸,或在需要时发起新标准的制定。欧盟委员协调欧洲标准化组织(European Standards Organizations:ETSI,CEN,CENELEC)以及他们的国际合作机构(ISO,ITU)和其他标准实体(IETF,EPC global 等),以开放、透明和各方参与者协商的方式促进物联网标准化工作。

2009 年 10 月,欧盟发布了物联网战略,在 ICT 研发计划上投资 4 亿欧元。2011 年至今每年投入 3 亿欧元支持物联网相关公司短期项目建设。作为支持上述研究活动的补充,欧盟委员会将考虑通过 CIP 计划实施物联网部署先导项目。这些先导项目聚焦在为社会带来强大利益的物联网应用上,如 e-健康计划(e-health)、e-可接入计划(e-accessibility)、气候变化项目、帮助打通数字割裂的项目计划(helping to bridge the digital divide)等。相比美国,欧盟的态度是"谨慎的积极"。

**2. 日本"I-JAPAN 战略:2015"**

日本政府于 1999 年提出了 E-JAPAN 战略,计划建成一个任何时间、任何地点、任何人、任何物都可以上网的环境。日本是第一个提出泛在战略的国家。

2004 年,日本信息通信产业的主管机关总务省(MIC)提出 U-JAPAN 战略。日本泛在网络发展的优势在于其有较好的嵌入式智能设备和无线传感器网络技术基础,泛在识别(UID)的物联网标准体系就是建立在日本开发的 TRON(The Real-time Operating system Nucleus,实时操作系统内核)的广泛应用基础上。

2009 年 7 月,日本 IT 战略本部提出 I-JAPAN 战略,强化了物联网在交通、医疗、教育和环境监测等领域的应用。日本政府希望通过"I-JAPAN"战略,开拓支持日本中长期经济发展的新产业,大力发展以绿色信息技术为代表的环境技术和智能交通系统等重大项目。

**3. 韩国"物联网基础设施构建基本规划"**

韩国的物联网发展和日本相似。2009 年 10 月,韩国在 2006 年确立的"U-KOREA"(Ubiquitous Network Society of Korea,泛在网韩国)战略的基础上更新了其最新的信息产业发展战略,发布了"物联网基础设施构建基本规划",将物联网产业确定为韩国经济发展新的增长动力。该规划树立了到 2012 年"通过构建世界最先进的物联网基础设施,打造未来广播通信融合领域超一流信息与通信技术(ICT)强国"的目标,并为实现这一目标确定了构建物联网基础设施、发展物联网服务、研发物联网技术、营造物联网扩展环境四大领域的 12 项详细任务。

**4. 其他国家**

新加坡也公布了"智慧国 2015"大蓝图。还有澳大利亚、新加坡、法国、德国等发达国家也都在加快部署物联网发展规划。

### 1.2.3 中国物联网产业的发展现状

**1. 中国物联网的政府支持**

自 2009 年 8 月温家宝总理提出"感知中国"以来,物联网被正式列为国家五大新兴战略性产业之一,写入政府工作报告,物联网在中国受到了全社会极大的关注,其受关注程度是欧盟以及其他各国不可比拟的。

在 2009 年 12 月的国务院经济工作会议上,明确提出了要在电力、交通、安防和金融行业推进物联网的相关应用。我国已在无线智能传感器网络通信技术、微型传感器、传感器终端机和移动基站等方面取得重大进展,目前已拥有从材料、技术、器件、系统到网络的完整产业链。目前,我国传感网标准体系已形成初步框架,向国际标准化组织提交的多项标准提案已被采纳,中国与德、美、韩一起成为国际标准制定的主导国。2010 年 6 月,由工信部等相关组织组成的物联网标准联合工作组成立。

**2. 中国物联网的现状**

中国在物联网发展方面起步较早,技术和标准发展与国际基本同步。《国家中长期科技发展规划纲要(2006—2020)》在重大专项、优先主题、前沿技术 3 个层面均列入传感网的内容,正在实施的国家科技重大专项也将无线传感网作为主要方向之一,对若干关键技术领域与重要应用领域给予支持。

在应用发展方面,物联网已在中国公共安全、民航、智慧交通、医疗卫生、工业控制、环境监测、智能电网、农业等行业得到初步规模性应用,部分产品已打入国际市场,例如,智能交通中的磁敏传感节点已布设在美国旧金山的公路上;中高速图传传感网设备销往欧洲,并已安装于警用直升机;周界防入侵系统水平处于国际领先地位。2009 年中国的物联网芯片"唐芯一号"研制成功。

总体看来,中国物联网研究没有盲目跟从国外,而是面向国家重大战略和应用需求,开展物联网基础标准体系、关键技术、应用开发、系统集成和测试评估技术等方面的研究,形成了以应用为牵引的特色发展路线,在技术、标准、产业及应用与服务等方面接近国际水平。

**3. 中国的部分关键技术相对落后**

尽管我国政府和企业很重视物联网的发展,但是和美国相比由于"前沿基础研究不足,关键技术落后,标准体系不完善"等问题,部分关键技术还是相对比较落后的。具体表现在如下 3 个方面。

(1) 关键技术落后

物联网的关键技术包括传感器技术、识别技术、计算技术、软件技术、纳米技术、嵌入式智能技术等。以传感器为例,我国传感器还处于一个初期发展阶段,技术还比较薄弱;在RFID方面,低频和高频比较成熟,超高频与国外还存在一定差距。此外,嵌入式系统、基础软件、芯片技术也相对落后。在物联网核心器件和软件方面尚做不到自主可控。

(2)标准体系不完善

相关标准比较分散,各个标准组织缺乏统一的协调,而且物联网尤其需要各种标准的协调发展。针对这个问题,我国已经先后成立了国家传感器网络工作组、网络技术工作组和中国物联网标准联合工作组。当务之急是把这些标准组织协调统一起来。

(3)物联网领域整体规划滞后

中国这么大,如果没有发展物联网的整体规划,没有政府的推动、政策的支持和行业的带动,很难形成大的规模。如果说国外物联网产业发展属于"市场驱动型",国内更贴近"政策驱动型"。

**4. 中国在物联网发展的特点**

相比美国和欧盟,中国的态度是非常积极的,表现在政府支持、基地建设、项目跟进和各领域应用链初步形成。

**5. 中国物联网专业建设和人才培养**

2011年,教育部审批设置的高等学校战略性新兴产业本科专业中有"物联网工程""传感网技术"和"智能电网信息工程"3个与物联网技术相关的专业。作为国家倡导的新兴战略性产业,目前已经有哈尔滨工业大学、南京航空航天大学、北京邮电大学、北京理工大学等超过37所211院校开设了物联网专业。很多高校也开设了"物联网概论"的课程。

综合各学校情况,总体看物联网专业应该具备如图1-2所示的知识模块。

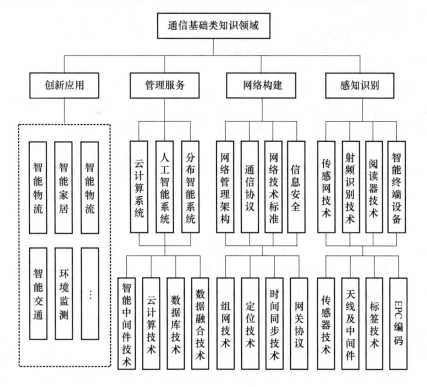

图 1-2 物联网专业应具备的知识模块

# 1.3 体系架构和关键技术

## 1.3.1 物联网架构

**1. 物联网三层架构**

物联网系统是一个事件驱动的架构,由下而上进行构建,并囊括各种子系统。一般认为物联网网络架构如图 1-3 所示,由感知层、网络层和应用层组成,三层的关系可以理解为:感知层相当于人体的皮肤和五官,用来识别物体、采集信息;网络层相当于人体的神经系统,将信息传递到大脑,包括延伸网、接入网和核心网;应用层相当于大脑将神经系统传递来的信息进行存储和处理,使人能从事各种复杂的事情。

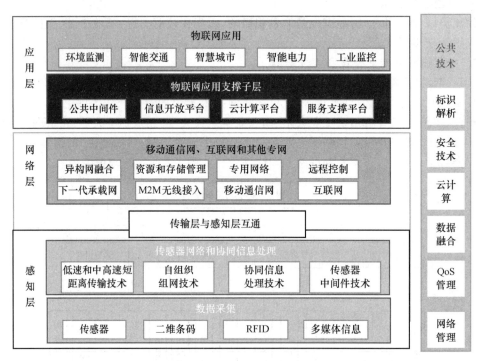

图 1-3 物联网网络架构示意图

(1)感知层

感知识别是物联网的基础及核心技术,感知层包括数据采集子层、传感器网络组网。数据采集子层实现对物理世界的智能感知识别、信息采集和自动控制,是联系物理世界和信息世界的纽带。传感器网络完成传感节点、路由节点和网络网关的通信和控制。

数据采集子层包括二维码标签和识读器、RFID 标签和读写器、摄像头、GPS、传感器、M2M 终端、传感器网关等,主要功能是识别物体、采集信息(如温湿度、物品特性、设备工作参数、地理信息等),与人体结构中皮肤和五官的作用类似。感知层解决的是人类世界和物理世界的数据获取问题。通过传感器、数码相机等设备,采集外部物理世界的数据。

传感器网络组网和协同信息处理子层包括低速及中高速近距离传输技术(ZigBee、

WiFi、WSN、蓝牙、红外、工业现场总线等)、自组织技术、协同信息处理技术、传感器中间件技术。通过短距离传输技术传递数据。

(2) 网络层(网络构建层)

此层解决感知层所获得的数据在一定范围内,通常是长距离的传输问题,主要完成接入和传输功能,是进行信息交换、传递的数据通路,可依托现有的各类通信网络,包括公众电信网和互联网,也可依托行业专用通信网络。数据通信是网络层核心功能,需保证数据无损、高效的传输,包含该层的通信协议和通信支撑功能。另外,网络层包括对物联网网关等设备接入离开、设备认证等设备管理和安全管理功能。

① 互联网:IPv6 扫清了可接入网络的终端设备在数量上的限制。互联网/电信网是物联网的核心网络、平台和技术支持。

② 无线宽带网:WiFi、WiMAX 等无线宽带技术覆盖范围较广,传输速度较快,为物联网提供高速、可靠、廉价且不受接入设备位置限制的互联手段。

③ 移动通信网:移动通信网络将成为"全面、随时、随地"传输信息的有效平台。高速、实时、高覆盖率、多元化处理多媒体数据为"物品触网"创造条件。

(3) 应用层

此层是物联网和用户的接口,包括应用支持子层和物联网应用子层,解决信息处理和人机界面的问题。网络层传输而来的数据在这一层里进入各类信息系统进行处理,并通过各种设备与人进行交互。处理层由业务支撑平台(中间件平台)、网络管理平台(如 M2M 管理平台)、信息处理平台、信息安全平台、服务支持平台等组成,完成协同、管理、计算、存储、分析、挖掘,以及提供面向行业和大众用户的服务等功能。典型技术包括中间件技术、虚拟技术、高可信技术,云计算服务模式、SOA 系统架构方法等先进技术。应用层能提供工业控制、智慧城市、远程医疗、智能交通、智能家居等应用。

**2. 物联网四层架构**

也有专家认为物联网在体系结构上应该包括四层,该说法又有两种代表。

① 四层架构为:感知层、接入层、网络层和应用层。

这种分层方法实际上是把感知层的两个子层分开,原因是这两个子层的技术不同、内容丰富,是物联网区别互联网的主要部分。

② 四层架构为感知层、网络层、管理服务层(或叫数据融合层)和应用层。

这种分层方法实际上是把应用层的两个子层分开。

综上所述,物联网作为复杂和正在发展的网络,严格确定的层次界限是不存在的,我们基于物联网的"全面感知、可靠传输、全面智能"三大特点,认为采用三层结构更加合适。

需要说明的是:

① 三层结构中的网络层实际指的是网络架构,而不是 OSI 体系或 TCP/IP 中的网络层;

② 有些技术是共性的,如安全、服务质量等在各层都会涉及。

**3. 物联网细化层次**

物联网细化层次如表 1-4 所示。

 物联网概论

表 1-4　物联网细化层次

| 应用服务层 | 创新应用层 | 分析与优化层 | 物联网世界中,信息是海量的,基于传统的商业智能和数据分析是远远不够的,因此需要更智能化的分析能力,基于数学和统计学的模型进行分析、模拟和预测 |
|---|---|---|---|
| | | 应用层 | 应用层包括各种不同业务或服务所需要的应用处理系统。这些系统利用传感器的信息进行处理、分析、执行不同的业务,并把处理的信息再反馈给传感器进行更新,使得整个物联网的每个环节都更加连续和智能 |
| | 管理服务层 | 服务平台层 | 服务平台层是为了使不同的服务模式得以实施,同时把物联网世界中的信息处理方面的共性功能集中优化地进行,使应用系统无须因为物联网的出现而作大的修改,能够更充分地利用已有业务应用系统,支持物联网的应用 |
| 网络传输层 | 网络构建层 | 应用网关层 | 在传输过程中为了更好地利用网络资源以及优化信息处理过程,设置局部或者区域性的应用网关,一是信息汇总与分发;二是进行一些简单信息处理与业务应用的执行,最大限度地利用 IT 与通信资源,提高信息的传输和处理能力,提高可靠性和持续性 |
| | | 广域网络层 | 在这一层主要是为了将感知层的信息传递到需要信息处理或者业务应用的系统中,可以采用 IPv4 或者 IPv6 协议 |
| 感知控制层 | 感知识别层 | 传输网关层 | 由于物联网里的对象是实体,因此感知到的信息量将会是巨大的、各式各样的,通过某种程度的关联将信息进行过滤、协议转换、信息压缩使加密等,使得信息更优化和安全地在公共网络上传递 |
| | | 传感网层 | 这是传感器之间形成的网络。这些网络有可能根据公开协议,如 IP 地址,也有可能基于一些私有协议。而目的就是为了使传感器之间可以互联互通以及传递感应信息 |
| | | 传感器/执行器层 | 物联网中任何一个物体都要通过感知设备获取相关信息以及传递感应到的信息给所有需要的设备或系统。传感器除了传统的传感功能外,还需要具备一些基本的本地处理能力,使得所传递的信息是系统最需要的,从而使传递网络的使用更加优化 |

### 1.3.2　关键技术

按照物联网的层次体系架构,每一层都有自己的关键技术。感知层的关键技术是感知和自动识别技术;网络层的关键技术是无线传输网络技术和互联网技术。应用支持子层的关键技术是数据处理、数据融合技术和云计算技术,在此基础上是行业专用技术与物联网技术的集成。

欧洲物联网项目总体协助组 2009 年发布了《物联网战略研究路线图》报告,2010 年发布了《物联网实现的展望和挑战》报告。在这两份报告中,将物联网的支撑技术分为如下几种:识别技术、物联网体系结构技术、通信技术、网络技术、网络发现、软件和算法、硬件、数据和信号处理技术、发现和搜索引擎技术、网络管理技术、功率和能量存储技术、安全和隐私技术、标准化。

**1. 自动识别技术 RFID**

RFID(Radio Frequency Identification,射频识别)是一种非接触式的自动识别技术,可以通过无线电信号识别特定目标并读写相关数据。它主要用来为物联网中的各物品建立唯

一的身份标识。

RFID 利用射频信号及其空间耦合传输特性,实现对静态或移动待识别物体的自动识别,用于对采集点的信息进行"标准化"标识。一方面,鉴于 RFID 技术可实现无接触的自动识别,全天候、识别穿透能力强、无接触磨损,可同时实现对多个物品的自动识别等诸多特点,在物联网"识别"信息和近程通信的层面中,起着至关重要的作用,将这一技术应用到物联网领域,使其与互联网、通信技术相结合,可实现全球范围内物品的跟踪与信息的共享。另一方面,产品电子代码(EPC)采用 RFID 电子标签技术作为载体,大大推动了物联网的发展和应用。

在未来的几年中,RFID 技术将继续保持高速发展的势头。电子标签、读写器、系统集成软件、公共服务体系、标准化等方面都将取得新的进展。随着关键技术的不断进步,RFID 产品的种类将越来越丰富,应用和衍生的增值服务也将越来越广泛。

**2. 传感器技术**

信息采集是物联网的基础,而目前的信息采集主要是通过传感器、传感节点和电子标签等方式完成的。传感器是物联网中获得信息的主要设备,它利用各种机制把被测量转换为电信号,然后由相应信号处理装置进行处理,并产生响应动作。常见的传感器包括温度、湿度、压力、光电传感器等。传感器作为一种检测装置,作为摄取信息的关键器件,由于其所在的环境通常比较恶劣,因此物联网对传感器技术提出了较高的要求。一是其感受信息的能力,二是传感器自身的智能化和网络化,传感器技术在这两方面应当实现发展与突破。

传感器技术是半导体技术、测量技术、计算机技术、信息处理技术、微电子学、光学、声学、精密机械、仿生学和材料科学等多学科综合的高新技术。

将传感器应用于物联网中可以构成无线自治网络,这种传感器网络技术综合了传感器技术、纳米嵌入技术、分布式信息处理技术、无线通信技术等,使各类能够嵌入到任何物体的集成化微型传感器协作进行待测数据的实时监测、采集,并将这些信息以无线的方式发送给观测者,从而实现"泛在"传感。在传感器网络中,传感节点具有端节点和路由的功能:首先是实现数据的采集和处理,其次是实现数据的融合和路由,综合本身采集的数据和收到的其他节点发送的数据,转发到其他网关节点。传感节点的好坏会直接影响整个传感器网络的正常运转和功能健全。

**3. 网络和通信技术**

物联网的实现涉及近程通信技术和远程运输技术。近程通信技术包括 RFID、蓝牙、ZigBee、总线等,远程运输技术包括互联网的组网,如 3G、4G、GPS 等技术。

作为为物联网提供信息传递和服务支撑的基础通道,通过增强现有网络通信技术的专业性与互联功能,以适应物联网低移动性、低数据率的业务需求,实现信息安全且可靠的传送,是当前物联网研究的一个重点。

M2M 技术也是物联网实现的关键。与 M2M 可以实现技术结合的远距离连接技术有GSM、GPRS、UMTS 等,WiFi、蓝牙、ZigBee、RFID 和 UWB 等近距离连接技术也可以与之相结合,此外还有 XML 和 Corba,以及基于 GPS、无线终端和网络的位置服务技术等。M2M 可用于安全监测、自动售货机、货物跟踪领域,应用广泛。

**4. 数据融合**

从物联网的感知层到应用层,各种信息的种类和数量都成倍增加,需要分析的数据量也呈级数增加,同时还涉及各种异构网络或多个系统之间数据的融合问题,如何从海量的数据中及时挖掘出隐藏信息和有效数据的问题,给数据处理带来了巨大的挑战,因此怎样合理、有效地整合、挖掘和智能处理海量的数据是物联网的难题。结合 P2P、云计算等分布式计算技术,成为解决以上难题的一个途径。云计算为物联网提供了一种新的高效率计算模式,可通过网络按需提供动态伸缩的廉价计算,其具有相对可靠并且安全的数据中心,同时兼有互联网服务的便利、廉价和大型机的能力,可以轻松实现不同设备间的数据与应用共享,用户无须担心信息泄露、黑客入侵等棘手问题。云计算是信息化发展进程中的一个里程碑,它强调信息资源的聚集、优化和动态分配,节约信息化成本并大大提高了数据中心的效率。

### 1.3.3　物联网的三大特征

（1）全面标识感知

物联网的“物体”要能将自身和周围情况表达出来,即利用 RFID、传感器、二维码等随时随地获取物体的信息；物联网由大量具有感知和识别功能的设备组成,用于感知和识别物体,收集环境信息。

（2）可靠通信传输

物体要有通信能力,通过各种电信网络与互联网的融合,将物体的信息实时准确地传递出去。

（3）高度智能控制

利用云计算、模糊识别等各种智能计算技术,对海量的数据和信息进行分析和处理,对物体实施智能化的控制。

本章的主要目的是将物联网的背景知识介绍给读者,让大家理性认识物联网,为后续章节做准备。

## 课 后 习 题

**一、单项选择题**

1. 物联网的英文名称是（　　）。

A. Internet of Matters　　　　　　　　　B. Internet of Things

C. Internet of Theorys　　　　　　　　　D. Internet of Clouds

2. 物联网的概念是在（　　）年由欧洲的科学家首次提出的。

A. 1999　　　　　B. 2005　　　　　C. 2009　　　　　D. 2010

3. （　　）首次提出了物联网的雏形。

A. 彭明盛　　　　B. 乔布斯　　　　C. 杨志强　　　　D. 比尔·盖茨

4. “智慧地球”是由（　　）公司提出的,并得到奥巴马总统的支持。

A. Intel　　　　　B. IBM　　　　　C. TI　　　　　　D. Google

5. “感知中国”是我国政府为促进（　　）技术发展而制定的。

A. 集成电路　　　B. 电力汽车　　　C. 新型材料　　　D. 物联网

6. “感知中国”是由（　　）于 2009 年 8 月在无锡视察时提出的。

A. 胡锦涛　　　　B. 吴邦国　　　　C. 温家宝　　　　D. 习近平

7.（　　）给出的物联网概念最权威。

A. 微软　　　　　　　B. IBM　　　　　　　C. 三星　　　　　　　D. 国际电信联盟

8. 三层结构类型的物联网不包括（　　）。

A. 感知层　　　　　　B. 网络层　　　　　　C. 应用层　　　　　　D. 会话层

9. 物联网的核心技术有（　　）。

A. 射频识别　　　　　B. 集成电路　　　　　C. 无线电　　　　　　D. 操作系统

10. 通过无线网络与互联网的融合，将物体的信息实时准确地传递给用户，指的是（　　）。

A. 可靠传递　　　　　B. 全面感知　　　　　C. 智能处理　　　　　D. 互联网

11. 利用 RFID、传感器、二维码等随时随地获取物体的信息，指的是（　　）。

A. 可靠传递　　　　　B. 全面感知　　　　　C. 智能处理　　　　　D. 互联网

12. 运用云计算、数据挖掘以及模糊识别等人工智能技术，对海量的数据和信息进行分析和处理，对物体实施智能化的控制，指的是（　　）。

A. 可靠传递　　　　　B. 全面感知　　　　　C. 智能处理　　　　　D. 互联网

13. 智慧城市是（　　）相结合的产物。

A. 数字乡村与物联网　　　　　　　　B. 数字城市与互联网

C. 数字城市与物联网　　　　　　　　D. 数字乡村与局域网

14. 美国哈佛大学和 BBN 公司在麻省剑桥部署的一个城市规模的物联网系统叫（　　）。

A. 感知城市　　　　　B. 城市物联网　　　　C. Citysense　　　　　D. Sensecity

15. 面向智慧医疗的物联网系统大致可分为终端及感知延伸层、应用层和（　　）。

A. 传输层　　　　　　B. 接口层　　　　　　C. 网络层　　　　　　D. 表示层

16. 在智慧医疗通中，（　　）起到了桥梁性的作用。

A. 医疗信息感知技术　　　　　　　　B. 物联网接入层技术

C. 技术支撑层技术　　　　　　　　　D. 应用接口层

17. 相比于传统的医院信息系统，医疗物联网的网络连接方式以（　　）为主。

A. 有线传输　　　　　B. 移动传输　　　　　C. 无线传输　　　　　D. 路由传输

18. 物联网远程医疗的核心部件与传统远程医疗的差别是在病人身边增设了（　　），以提供更全面的患者信息。

A. 射频识别设备　　　B. 移动网络　　　　　C. 无线传感网络　　　D. 全球定位系统

19. 物联网在军事和国防领域的应用主要表现为（　　）的应用。

A. 射频识别技术和无线传感器网络技术　B. 射频识别技术和光纤传感技术

C. 指纹识别技术和无线传感器网络技术　D. 光纤传感技术和指纹识别技术

20. 以下（　　）不属于物联网技术在智能电网中的应用。

A. 利用物联网技术实现按需发电，避免电力浪费

B. 利用物联网技术对电力设备状态进行实时监测

C. 利用物联网技术保证输电安全

D. 利用物联网技术解决电力短缺问题

二、多项选择题

1. 物联网发展的机遇主要体现在（　　）。

A. 我国物联网拥有强有力的政策发展基础和持久的牵引力

B. 我国物联网技术研发水平处于世界前列,已具备物联网发展的条件

C. 我国已具备物联网产业发展的条件,电信运营商大力推动通信网应用

D. 电信网、互联网、电视网"三网"走向融合

2. 物联网主要涉及的关键技术包括(　　)。

A. 射频识别技术　　　B. 纳米技术　　　　C. 传感器技术　　　　D. 网络通信技术

3. 智慧城市应具备的特征有(　　)。

A. 实现全面感测,智慧城市包含物联网　　B. 智慧城市面向应用和服务

C. 智慧城市与物理城市融为一体　　　　　D. 智慧城市能实现自主组网、自维护

4. 下列(　　)是物联网的约束条件。

A. 物联网资源有限　　　　　　　　　　　B. 现有科技无法实现

C. 不可靠的通信机制　　　　　　　　　　D. 物联网的运行缺少有效的人为管理

5. 下列属于智能交通实际应用的是(　　)。

A. 不停车收费系统　　　　　　　　　　　B. 先进的车辆控制系统

C. 探测车辆和设备　　　　　　　　　　　D. 先进的公共交通系统

6. 采用智能交通管理系统(ITMS)可以(　　)。

A. 防止交通污染　　　B. 解决交通拥堵　　　C. 减少交通事故　　　D. 处理路灯故障

7. 下列属于智能物流支撑技术的有(　　)。

A. 物联网信息感知技术　　　　　　　　　B. 网络技术

C. 人工智能、数据仓库和数据挖掘技术　　D. 密码技术

### 三、名词解释

CPS　　　物联网　　　感知层

### 四、思考题

1. 简述物联网的定义,分析物联网的"物"的条件。

2. 简述物联网应具备的 3 个特征。

3. 简要概述物联网的框架结构。

4. 物联网和传感网、泛在网有何关联?

5. 分析物联网的关键技术和应用难点。

6. 举例说明物联网的应用领域及前景。

# 第2章 感知层——自动识别和RFID

**前　言**

　　自动识别是物联网感知层的基础技术,有数据采集技术和特征提取技术两大类。通过感知识别技术,让物品自动被识别、主动发布信息,是融合物理世界和信息世界的重要一环,也是物联网区别其他网络最独特的部分。物联网是在计算机互联网的基础上,利用RFID、无线数据通信等技术,构造一个覆盖世界上万事万物的"物联网"。在这个网络中,物品(商品)能够彼此进行"交流",而无须人的干预。其实质是利用射频识别(RFID)技术,通过计算机互联网实现物品(商品)的自动识别和信息的互联与共享。

**教学目标**

| 知识要点 | 能力要求 |
| --- | --- |
| 了解自动识别技术的概念和分类 | ① 掌握自动识别技术的定义<br>② 了解分类方法 |
| 了解条形码技术 | ① 了解一维码、二维码<br>② 一维码、二维码以及其他技术的理解区别 |
| 射频识别技术 RFID | 掌握射频识别技术的基本原理和系统组成 |
| EPC | 了解 EPC 规范与编码方法 |

**推荐资料**

[1]　物联网. http://baike. baidu. com/view/1136308. htm? fr＝aladdin.

[2]　黄玉兰. 物联网射频识别(RFID)核心技术详解. 第2版. 北京:人民邮电出版社,2012:48.

[3]　自动识别技术. http://baike. baidu. com/view/139170. htm? fr＝aladdin.

[4]　条码基础知识. (2010-11-12)[2016-03-20]http://wenku. baidu. com/view/5396d675 f46527d3240ce07e. html? re＝view.

[5]　电子标签. http://baike. baidu. com/view/383945. htm.

物联网是在计算机互联网的基础上,利用 RFID、传感器、无线数据通信等技术,实现物品(商品)的自动识别和信息的互联与共享。一般来讲,物联网的开展步骤主要如下:

① 对物体属性进行标识,静态属性可直接存储在电子标签中,动态属性需要由传感器实时探测;

② 各种自动识别设备(尤其是射频识别设备)完成对物体属性的读取,并将信息转换成适合网络传输的格式;

③ 将物体的信息通过网络传输到信息处理中心,由信息处理中心完成物体通信的相关计算,之后进行信息的交换和通信。

综上所述,自动识别是物联网感知层的基础技术之一。自动识别技术融合了物理世界和信息世界,是物联网区别于其他网络(如电信网、互联网)最独特的部分。基于以上原理,本章我们将在感知层层面重点介绍常见自动识别技术(特别是条码识别技术)、RFID 系统(包括电子标签和读写器)。

# 2.1 自动识别技术

## 2.1.1 基本概念

自动识别技术可以对每个物品进行标识和识别,并可以将数据实时更新,是构造全球物品信息实时共享的重要组成部分,是物联网的基石。通俗讲,自动识别技术就是能够让物品"开口说话"的一种技术。

**定义 2.1** 自动识别技术(Auto Identification and Data Caputure, AIDC)是一种高度自动化的信息或数据采集技术,对字符、影像、条码、声音、信号等记录数据的载体进行机器自动识别,自动地获取识别物品的相关信息,并提供给后台计算机处理系统完成相关后续处理。

**定义 2.2** 自动识别是通过将信息编码进行定义、代码化,并装载于相关的载体中,借助特殊的设备,实现定义信息的自动采集,并输入信息处理系统从而得出结论的识别。

自动识别技术是以计算机技术和通信技术为基础的一门综合性技术,是数据编码、数据采集、数据标识、数据管理、数据传输的标准化手段。自动识别技术有准确性、高效性、实时性、兼容性的特点。

数据的采集(识别)完成了系统的原始数据的采集工作,解决了人工数据输入的速度慢、误码率高、劳动强度大、工作简单重复性高等问题,为计算机信息处理提供了快速、准确地进行数据采集输入的有效手段,因此,自动识别技术作为一种革命性的高新技术,正迅速被人们所接受。美国的军品管理、中国的二代身份证、中国的火车机车管理系统、日本的手机支付与近场通信等都是自动识别技术比较成功的大规模应用案例。

## 2.1.2 种类

按照国际自动识别技术的分类标准,自动识别技术可分为数据采集技术和特征提取技术两大类。数据采集技术分为光识别技术、磁识别技术、电识别技术和无线识别技术等;特征提取技术分为静态特征提取技术、动态特征提取技术、属性特征提取技术等。具体分类如

表 2-1 所示。

表 2-1　自动识别技术的分类

| 数据采集技术 | 光存储器 | 条形码、光标阅读器、光学字符识别 |
|---|---|---|
| | 磁存储器 | 磁条、非接触磁卡、微波 |
| | 电存储器 | RFID、智能卡 |
| 特征提取技术 | 静态特征 | 包括指纹、虹膜、视网膜、面部 |
| | 动态特征 | 包括签名、声音、键盘敲击 |
| | 属性特征 | 化学、物理感觉特征、生物抗病毒特征 |

按照应用领域和具体特征的分类标准,自动识别技术可分为条码识别技术、生物识别技术、图像识别技术、磁卡识别技术、IC 卡识别技术、光学字符识别技术和射频识别技术等。以下介绍几种典型的自动识别技术。

**1. 条码识别技术**

条码识别技术是最早、最著名的自动识别技术。条形码起源于 1940 年,应用于 20 世纪 70 年代,普及于 20 世纪 80 年代。早在 20 世纪 40 年代后期,美国乔·伍德兰德和贝尼·西尔弗两位工程师研究了用代码表示食品项目以及相应的自动识别设备,并于 1949 年获得美国专利。欧美、日本等国家已经普遍使用条形码技术,尤其在商品流通领域和物流管理中,其应用领域还在不断扩大。条形码的形成及发展主要是为了适应经济全球化、信息网络化、生活国际化的资讯社会。条形码技术为商品管理和各国间的贸易往来以及各领域的自动化管理,提供了极为简便的通用语言,而且它的信息密度(单位长度中可能编写的字母数)很高,在 3 cm 的宽度内,条形码足以包含国别、厂商、产品特征及属性等信息。

条码是由宽度不同、反射率不同的条(黑色)和空(白色)按照一定的编码规则编制而成的,用以表达一组数字或字母符号信息的图形标识符。条码经识别设备识别和转换可进行信息传输和交换,又分为以下两种。

(1)一维条码是由平行排列的宽窄不同的线条和间隔组成的二进制编码。例如,这些线条和间隔根据预定的模式进行排列并且表达相应记号系统的数据项。宽窄不同的线条和间隔的排列次序可以解释成数字或者字母。可以通过光学扫描对一维条码进行阅读,即根据黑色线条和白色间隔对激光的不同反射来识别。

(2)二维条码技术是在一维条码无法满足实际应用需求的前提下产生的。例如,由于受信息容量的限制,一维条码通常是对物品的标识,而不是对物品的描述。二维条码能够在横向和纵向两个方向同时表达信息,因此能在很小的面积内表达大量的信息。

具体技术在 2.2 节中详细介绍。

**2. 卡识别技术**

(1)磁卡识别技术

磁卡是一种磁记录介质卡片,由高强度、高耐温的塑料或纸质涂覆塑料制成,能防潮、耐磨且有一定的柔韧性,携带方便,使用较为稳定可靠。

磁条记录信息的方法是变化磁的极性,在磁性氧化的地方具有相反的极性,识别器才能够在磁条内分辨出这种磁性变化,这个过程被称作磁变。解码器可以识读到磁性变化,并将它们转换回字母或数字的形式,以便由计算机来处理。磁卡技术能够在小范围内存储较大

数量的信息,在磁条上的信息可以被重写或更改。通常,磁卡的一面印刷有说明提示信息,如插卡方向;另一面有磁层和磁条,具有几个磁道来记录有关信息数据。

磁卡的特点是数据可读写,在信用卡、银行卡、公交卡等方面有广泛的应用。但磁卡面受磁性粒子极性的耐久性限制,并且磁卡安全性低,所以有逐步被取代的趋势。

(2) IC 卡识别技术(智能卡)

IC(Integrated Circuit Card)卡即集成电路卡,也叫智能卡、微电路卡等,是继磁卡之后出现的又一种信息载体。

IC 卡外观和磁卡相似,但存储方式和介质完全不同。IC 卡通过卡里的集成电路的电擦除式可编程只读存储器存储信息,IC 卡具有体积小便于携带、存储容量大、使用寿命长、安全保密性好、具有数据处理能力的优点。

IC 卡按照是否带有微处理器可以分为存储卡和 CPU 卡。

① 前者只有通用 E2PROM 存储芯片没有微处理器,卡功能简单,没有(或很少有)安全保护逻辑,但价格低廉,开发使用简单,存储容量增长迅猛,因此多用于某些内部信息无须保密或不允许加密(如急救卡)的场合,如电话 IC 卡。

② 后者有微处理器、卡与读写终端通信的 I/O 接口及加密运算协处理器 CAU,ROM 中则存放有 COS(Chip Operation System,片内操作系统)。安全性高,可以离线操作,如手机 SIM 卡、银行的 IC 卡基本是智能卡。

IC 卡按读取界面将 IC 卡分为下面两种。

① 接触式 IC 卡,该类卡通过 IC 卡读写设备的触点与 IC 卡的 8 个触点接触后进行数据的读写和交换。国际标准 ISO7816 对此类卡的机械特性、电器特性等进行了严格的规定。

② 非接触式 IC 卡,这种卡应该归于 RFID 卡。该类卡与卡读取设备无电路接触,通过非接触式的读写技术进行读写(如光或无线技术)。卡内所嵌芯片除了 CPU、逻辑单元、存储单元外,增加了射频收发电路。采用射频技术与读卡器进行通信。射频读写器向卡发一组固定频率的电磁波,卡片内有一个 LC 串联谐振电路,其频率与读写器发射的频率相同,这样在电磁波激励下,LC 谐振电路产生共振,从而使电容内有了电荷;在这个电容的另一端,接有一个单向导通的电子泵,将电容内的电荷送到另一个电容内存储,当所积累的电荷达到 2 V 时,此电容可作为电源为其他电路提供工作电压,将卡内数据发射出去或接受读写器的数据。国际标准 ISO10536 系列阐述了对非接触式 IC 卡的规定。该类卡一般用在使用频繁、信息量相对较少、可靠性要求较高的场合。

**3. 射频识别技术**

射频识别技术(Radio Frequency Identification,RFID)是一种非接触式的自动符号识别技术。通过无线电信号识别特定目标并读写相关数据,而无须识别系统与特定目标之间建立机械或光学接触。其中无线电的信号是通过调成无线电频率的电磁场,把数据从附着在物品上的标签上传送出去,以自动辨识与追踪该物品。具体内容在 2.3 节中介绍。

与条码识别、磁卡识别技术和 IC 卡识别技术等相比,它有无接触、中远距离工作、抗干扰能力强、可同时识别多个物品、芯片存储、可多次读取等优点,如表 2-2 所示,是目前最重要的自动识别技术。

表 2-2　RFID 与其他方式的比较

| 指标<br>识别技术种类 | 信息载体 | 信息量 | 读/写性 | 读取方式 | 保密性 | 智能化 | 抗干扰能力 | 寿命 | 成本 |
|---|---|---|---|---|---|---|---|---|---|
| 条码/二维码 | 纸、塑料薄膜、金属表面 | 小 | 只读 | CCD 或 激光束扫描 | 差 | 无 | 差 | 较短 | 最低 |
| 磁卡 | 磁条 | 中 | 读/写 | 扫描 | 中等 | 无 | 中 | 长 | 低 |
| IC 卡 | EEPROM | 大 | 读/写 | 接触 | 好 | 有 | 好 | 长 | 高 |
| RFID 卡 | EEPROM | 大 | 读/写 | 无线通信 | 最好 | 有 | 很好 | 最长 | 较高 |

#### 4. 生物识别技术

生物特征识别技术是对生物体(一般特指人)本身的生物特征来区分生物体个体,指通过获取和分析人体的身体和行为特征来实现人的身份的自动鉴别。能够用来鉴别身份的生物特征应该具有广泛性、唯一性、稳定性、可采集性等特征。

生物特征分为物理特征和行为特点两类。物理特征包括指纹、掌形、眼睛(视网膜和虹膜)、人体气味、脸型、皮肤毛孔、手腕、手的血管纹理和 DNA 等;行为特点包括签名、语音、行走的步态、击打键盘的力度等。

(1) 语音识别技术

语音识别技术也被称为自动语音识别(Automatic Speech Recognition,ASR),其目标是将人类语音中的词汇内容转换为计算机可读的输入,如按键、二进制编码或者字符序列。

语音交互技术的研究具有高度的学科交叉性质,广泛涉及信号处理、语音声学、模式识别、通信和信息理论、语言学、生理学、计算机科学、心理学等学科的原理和方法。利用这些学科知识,可以概括构成自动语音识别技术基础的 3 个原理:第一,语音信号中的语言信息是按照短时幅度谱的时间变化模式来编码的;第二,语音是可以阅读的,即它的声学信号可以在不考虑说话人试图传达的信息内容的情况下用数十个具有区别性的、离散的符号来表示;第三,语音交互是一个认知过程,因而不能与语言的语法、语义和语用结构割裂开来。

按照这 3 个基本原理,一个语音识别系统(如图 2-1 所示)可以从 3 个方面来认识。

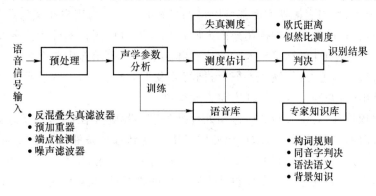

图 2-1　语音识别框架:典型的模式识别系统

① 特征参数提取:特征参数提取的目的是对语音信号进行分析处理,从而突出所载荷的语言声音信息的特征,尽可能抑制与语言声音信息无关的特征,同时压缩特征的数据量。

② 基元的选择:语音识别基元的主要任务是在不考虑说话人试图传达的信息内容的情况下,将声学信号表示为若干个具有区别性的离散符号。能够充当语音识别基元的单位可以是语句、音节、音素或更小的单位。基元的选择受识别任务的具体要求来定。

③ 基元模型的训练和匹配:基元模型训练是指按照一定的准则,从大量已知模式中获取表征该模式本质特征的模型参数,而基元模型匹配则是根据一定准则,使未知模式与模型库中的模式序列构成最佳匹配。

语音识别技术的最重大突破是隐马尔科夫模型(Hidden Markov Model)的应用。从 Baum 提出相关数学推理,经过 Labiner 等人的研究,卡内基梅隆大学的李开复最终实现了第一个基于隐马尔科夫模型的大词汇量语音识别系统——Sphinx。

语音识别是一种非接触的识别技术,用户可以很自然地接受。这种技术可以用声音指令实现"不用手"的数据采集,这对那些采集数据同时还要完成手脚并用的工作场合尤为适用。目前由于声音识别技术的迅速发展以及高效可靠的应用软件的开发,使声音识别系统在很多方面得到了应用,如在智能家用电器中的应用,在智能话务接续系统的应用。

(2)人脸识别

人脸识别特指利用分析比较人脸视觉特征信息进行身份鉴别的计算机技术。用摄像机或摄像头采集含有人脸的图像或视频流,并自动在图像中检测和跟踪人脸,进而对检测到的人脸进行脸部的一系列相关技术,通常也叫做人像识别、面部识别。

人脸识别系统的研究始于 20 世纪 60 年代,20 世纪 80 年代后随着计算机技术和光学成像技术的发展得到提高,而真正进入初级应用阶段则在 20 世纪 90 年代后期,并且以美国、德国和日本的技术实现为主;人脸识别系统成功的关键在于是否拥有尖端的核心算法,并使识别结果具有实用化的识别率和识别速度;它涉及图像处理、模式识别、计算机视觉和神经网络等,具体技术包括人脸追踪侦测,自动调整影像放大,夜间红外侦测,自动调整曝光强度。

人脸识别系统主要包括 4 个组成部分,分别为人脸图像采集及检测、人脸图像预处理、人脸图像特征提取以及匹配与识别。

人脸图像采集和检测:不同的人脸图像都能通过摄像镜头采集下来,如静态图像、动态图像、不同的位置、不同表情等方面都可以得到很好的采集。当用户在采集设备的拍摄范围内时,采集设备会自动搜索并拍摄用户的人脸图像。人脸检测在实际中主要用于人脸识别的预处理,即在图像中准确标定出人脸的位置和大小。人脸图像中包含的模式特征十分丰富,如直方图特征、颜色特征、模板特征、结构特征及 Haar 特征等。人脸检测就是把这其中有用的信息挑出来,并利用这些特征实现人脸检测。

人脸图像预处理:对于人脸的图像预处理是基于人脸检测结果,对图像进行处理并最终服务于特征提取的过程。系统获取的原始图像由于受到各种条件的限制和随机干扰,往往不能直接使用,必须在图像处理的早期阶段对它进行灰度校正、噪声过滤等图像预处理。对于人脸图像而言,其预处理过程主要包括人脸图像的光线补偿、灰度变换、直方图均衡化、归一化、几何校正、滤波以及锐化等。

人脸图像特征提取:人脸识别系统可使用的特征通常分为视觉特征、像素统计特征、人脸图像变换系数特征、人脸图像代数特征等。人脸特征提取就是针对人脸的某些特征进行的。人脸特征提取的方法归纳起来分为两大类:一种是基于知识的表征方法;另外一种是基于代数特征或统计学习的表征方法。基于知识的表征方法主要是根据人脸器官的形状描述以及它们之间的距离特性来获得有助于人脸分类的特征数据,其特征分量通常包括特征点间的欧氏距离、曲率和角度等。人脸由眼睛、鼻子、嘴、下巴等局部构成,对这些局部和它们之间结构关系的几何描述,可作为识别人脸的重要特征,这些特征被称为几何特征。基于知识的人脸表征主要包括基于几何特征的方法和模板匹配法。

人脸图像匹配与识别:提取的人脸图像的特征数据与数据库中存储的特征模板进行搜索匹配,通过设定一个阈值,当相似度超过这一阈值时,则把匹配得到的结果输出。人脸识别就是将待识别的人脸特征与已得到的人脸特征模板进行比较,根据相似程度对人脸的身份信息进行判断。

人脸识别系统与其他类型的生物识别比较,人脸识别具有如下特点。

① 非强制性和非接触性:用户不需要专门配合人脸采集设备,不需要和设备直接接触,可以在无意识的状态下获取人脸图像。

② 并发性:在实际应用场景下可以进行多个人脸的分拣、判断及识别。

③ 符合视觉特性:"以貌识人"的特性,以及操作简单、结果直观、隐蔽性好等特点。

人脸识别技术(Face Recognition Technology,FRT)在商业上和法律上有大量应用,如身份证、护照、信用卡、驾驶执照与实际持证人的核对,视频监控系统中的人物跟踪,Video图像的实时匹配,公安系统的犯罪身份识别,银行及海关的监控系统和自动门卫系统等。

(3)指纹识别

指纹识别即指通过比较不同指纹的细节特征点来进行自动识别。由于每个人的指纹不同,就是同一人的十指之间,指纹也有明显区别,因此指纹可用于身份的自动识别。由于指纹具有终身不变性、唯一性和方便性,已经几乎成为生物特征识别的代名词。很多公安机关和警察局,甚至笔记本式计算机用户登录身份鉴定都采用了指纹识别技术。

指纹是指人的手指末端正面皮肤上凸凹不平产生的纹线,指纹有四方面的特征,如下所示。

① 模式区:指纹上包含总体特征的区域,即从模式区就能够分辨出指纹是属于哪一种类型的。

② 纹数:模式区内指纹纹路的数量。在计算指纹的纹路时,一般先连接核心点和三角点,这条连线与指纹纹路相交的数量即可认为是指纹的纹数。

③ 纹形:纹线有规律地排列形成不同的纹形。专家在长期实践的基础上,根据脊线的走向与分布情况分出3种基本纹形:环形、弓形和螺旋形。

④ 三角点:位于从核心点开始的第一个分叉点或断点,或者两条纹路会聚处、孤立点、转折点,或者指向这些奇异点。

指纹识别技术涉及图像处理、模式识别、计算机视觉、数学形态学、小波分析等众多学科。指纹识别系统是一个典型的模式识别系统,包括指纹图像获取、处理、特征提取和比对等模块。指纹识别大体流程是:通过采集设备获取所需识别指纹的图像→对采集的指纹图像进行预处理(包括指纹区域检测、方向图和频率估算、图像二值化)→获取指纹的脊线数据→提取指纹识别所需的特征点→与数据库中保存的指纹特征逐一匹配,判断是否为相同指纹→输出指纹识别的处理结果。

采集设备有第一代光学式指纹读取器,第二代电容式传感器和超声波技术,这3种技术

比较见表 2-3。

表 2-3 光学、电容与超声波采集技术的性能比较

| 比较项目 | 光学传感技术 | 电容传感技术 | 超声波技术 |
|---|---|---|---|
| 体积 | 中 | 小 | 大 |
| 成像能力 | 干手指差,但汗多的和稍脏的手指成像模糊,玻璃膜已损坏 | 干手指好,但汗多和稍脏的手指不能成像,表皮层取像,已被静电击穿 | 很好 |
| 耐用性 | 非常耐用 | 容易损坏 | 一般 |
| 分辨率 | >500 dpi | >500 dpi | >700 dpi |
| 耗电量 | 较少 | 一般 | 较多 |
| 成本 | 低 | 低 | 很高 |

注:指纹斑病、化学腐蚀、灼伤等指纹是上述采集方式难于成像及处理的。

1684 年英国植物形态学家 Grew 发表了第一篇研究指纹的科学论文。1809 年 Bewick 把自己的指纹作为商标。1823 年解剖学家 Purkije 将指纹分为 9 类。1880 年,Faulds 在《自然》杂志提倡将指纹用于识别罪犯。1891 年 Galton 提出著名的高尔顿分类系统。之后英国、美国、德国等警察部门先后采用指纹鉴别法作为身份鉴定和刑事案件侦破的主要方法。

（4）视网膜识别

人体的血管纹路也是具有独特性的,人的视网膜上面血管的图样可以利用光学方法透过人眼晶体来测定。用于生物识别的血管分布在神经视网膜周围。如果视网膜不被损伤,从 3 岁起终身不变。由于不可见,所以不易被伪造。同虹膜识别技术一样,视网膜扫描是最可靠、最值得信赖的生物识别技术。但由于它高度介入人体,所以运用起来的难度较大,并且成本较高。

（5）虹膜识别

利用虹膜终身不变性和差异性的特点来识别身份。虹膜是一种在眼睛中瞳孔内的各色环状物,每个虹膜都包含独一无二的基于水晶体、细丝、斑点、凹点、皱纹和条纹等特征的结构。虹膜由遗传基因决定,且终身不变。与指纹识别相比,虹膜识别技术操作更简便,检验的精确度也更高。统计表明,虹膜识别的错误率是各种生物特征识别中最低的,并且具有很强的实用性,缺点有:① 仍未进行唯一性的认证;② 很难将图像获取设备小型化;③ 摄像头价格昂贵;④ 镜头可能使图像畸变而使可靠性降低;⑤ 黑眼睛极难读取;⑥ 需要一个较好的光源。

虹膜识别技术已经被用来进行身份识别。新泽西州的肯尼迪国际机场采用了虹膜识别系统,机场安全等级由 B 上升到 A。我国的深圳罗湖口岸和珠海拱北口岸也试用了虹膜识别技术。

**5. 光学字符识别**

OCR（Optical Character Recognition,光学字符识别）是指电子设备（如扫描仪或数码相机）检查纸上打印的字符,通过检测暗、亮的模式确定其形状,然后用字符识别方法将形状翻译成计算机文字,供文字处理软件进一步编辑加工的技术。如何除错或利用辅助信息提高识别正确率,是 OCR 最重要的课题。

衡量一个 OCR 系统性能好坏的主要指标有拒识率、误识率、识别速度、用户界面的友好性、产品的稳定性、易用性及可行性等。OCR 是从 1960 年开始研究的,因为价格昂贵和系统复杂没有在自动识别领域获得成功,却在人工智能和图像处理等领域中取得长足的发展。

## 2.2　条形码技术

### 2.2.1　条形码概述

(1) 基本概念

条形码技术是随着计算机与信息技术的发展和应用而诞生的,它是集编码、印刷、识别、数据采集和处理于一身的新型技术。条码是由一组规则排列的条、空以及对应的字符数字组成的标记,"条"指对光线反射率较低的部分,"空"指对光线反射率较高的部分,这些条和空组成的数据表达一定的信息,并能够用特定的设备识读,转换成与计算机兼容的二进制和十进制信息。

条形码大体可以分为一维条形码和二维条形码两大类,分别如图 2-2 和图 2-3 所示。

图 2-2　一维条形码

图 2-3　二维条形码

(2) 条形码技术的特点

条形码技术的特点有简单(条码符号制作容易,扫描操作简单易行)、信息采集速度快、可靠性高(误码率仅有 1/3 000 000)、灵活、实用、自由度大、成本低。

(3) 条形码的应用

条形码可以标出物品的生产国、制造厂家、商品名称、生产日期、图书分类号、邮件起止地点、类别、日期等许多信息,实际上,在全球范围内,每天需要运用到条码扫描的次数已经超过 1 亿次,其应用范围也涉及各个领域和行业,其中包括物流、仓储、图书馆、银行、pos 收银系统、医疗卫生、零售商品、服装、食品服务以及高科技电子产品等,而目前仍然会每天都在一些新增加的项目上持续地用到条码应用领域。

### 2.2.2　一维码

常见的一维条码是由黑条(简称条)和白条(简称空)排成平行线图案。条码可以标识出物品的生产国、制造厂家、商品名称、生产日期以及图书分类号、邮件起止地点、类别、日期等信息。通常一维条码所能表示的不过 10 个数字、26 个英文字母及一些特殊字符,条码字符集最大所能表示的字符个数为 128 个 ASCII 字符,信息量非常有限。

## 1. 码制

码制即指条码条和空的排列规则,常用的一维码的码制包括 EAN 码、Code39 码、交叉 25 码、UPC 码、Code 128 码、Code 93 码及 Codabar(库德巴码)等,如图 2-4 所示。

图 2-4　常用的一维码的码制

不同码制的应用领域如表 2-4 所示。

表 2-4　不同的码制的应用领域

| 码　　制 | 简　介 | 应用领域 |
|---|---|---|
| EAN(European Article Number)码 | 是欧洲物品编码的缩写,是一种 13 位数字长度固定的条码,所表达的信息全部为数字 | 主要应用于商品标识。以国际物品编码协会分配给中国的前缀 690、691 为例,第 4~7(或 8)位是厂商代码,第 8(或 9)~12 位是商品项目代码,最后一位是校验码,为防止条码扫描器误读的自我检查 |
| UPC 码 | 美国统一代码委员会制定的一种商品用条码 | 主要用于美国和加拿大地区。定长、纯数字型码,有 5 种版本,常用的版本为 UPC-A 码和 UPC-E 码 |
| Code 39 码和 128 码 | 国内企业自定义码制,它编码的信息可以是数字,也可以包含字母 | 可以根据需要确定条码的长度和信息,主要应用于工业生产线领域、图书管理等 |
| Code 93 码 | 类似于 39 码的条码 | 它的密度较高,能够替代 39 码 |
| ITF25 码(交叉 25 码) | 长度没有限定,但数字资料必为偶数位 | 允许双向扫描应用于包装、运输以及国际航空系统的机票顺序编号等 |
| Codabar 码 | 可以支持数字、特殊字符和 4 个英文字母,无须检查码 | 应用于血库、图书馆、包裹等的跟踪管理 |

## 2. 一维条码符号的结构

无论是采取何种规则印制的条形码,通常一个完整的条码是由两侧静空区、起始字符、资料码、检查码、终止字符组成,有些条码在数据字符与终止字符之间还有校验字符,其排列方式通常如图 2-5 所示。

图 2-5　条形码的构成

（1）静空区

位于条码两侧无任何符号及资讯的白色区域分为左空白区和右空白区,左空白区是让扫描设备做好扫描准备,右空白区是保证扫描设备正确识别条码的结束标记。为了防止左右空白区(静区)在印刷排版时被无意占用,可在空白区加印一个符号(左侧没有数字时印"<;"号,右侧没有数字时加印">;"号),这个符号就叫静区标记。主要作用就是防止静区宽度不足。只要静区宽度能保证,有没有这个符号都不影响条码的识别。

（2）起始码

起始码指条码符号的第一位字码,具有特殊结构,用来标识一个条码符号的开始,扫描器确认此字码存在后开始处理扫描脉冲。

（3）资料码

资料码是位于起始码后面的字码,用来标识一个条码符号的具体数值,允许双向扫描。

（4）检查码

检查码也叫校正码,用来判定此次阅读是否有效的字码,通常是一种算术运算的结果,扫描器读入条码进行解码时,先对读入各字码进行运算,如运算结果与检查码相同,则判定此次阅读有效。

（5）终止字符

终止字符为最后一位字符,一样具有特殊结构,用于告知代码扫描完毕,同时还起到只是进行校验计算的作用。

**3. 条码的几个参数**

（1）密度

条码的密度(Density)指单位长度的条码所表示的字符个数。对于一种码制而言,密度主要由模块的尺寸决定,模块尺寸越小,密度越大,所以密度值通常以模块尺寸的值来表示(如 5 mil)。通常 7.5 mil 以下的条码称为高密度条码,15 mil 以上的条码称为低密度条码,条码密度越高,要求条码识读设备的性能(如分辨率)也越高。高密度的条码通常用于标识小的物体,如精密电子元件,低密度条码一般应用于远距离阅读的场合,如仓库管理。

（2）宽窄比

对于只有两种宽度单元的码制,宽单元与窄单元的比值称为宽窄比,一般为 2~3(常用的有 2∶1,3∶1)。宽窄比较大时,阅读设备更容易分辨宽单元和窄单元,因此比较容易

阅读。

（3）对比度

对比度为条码符号的光学指标，对比度（PSC）值越大则条码的光学特性越好，PCS＝
（RL-RD)/RL×100%（RL：条的反射率，RD：空的反射率）。

（4）模块

构成条码的基本单位是模块，模块是指条码中最窄的条或空，模块的宽度通常以 mm
或 mil（千分之一英寸）为单位。构成条码的一个条或空称为一个单元，一个单元包含的模
块数是由编码方式决定的，有些码制中，如 EAN 码，所有单元由一个或多个模块组成；而另
一些码制，如 39 码中，所有单元只有两种宽度，即宽单元和窄单元，其中的窄单元即为一个
模块。

**4. 一维条形码：译码原理**

激光扫描仪通过一个激光二极管发出一束光线，照射到一个旋转的棱镜或来回摆动的
镜子上，反射后的光线穿过阅读窗照射到条码表面，光线经过条或空的反射后返回阅读器，
由一个镜子进行采集、聚焦，通过光电转换器转换成电信号，该信号将通过扫描期或终端上
的译码软件进行译码，如图 2-6 所示。

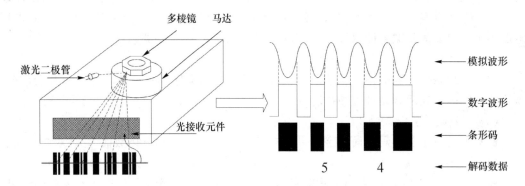

图 2-6　一维条形码译码原理

通常对于每一种物品，它的编码是唯一的，对于普通的一维条码来说，还要通过数据库
建立条码与商品信息的对应关系，当条码的数据传到计算机上时，由计算机上的应用程序对
数据进行操作和处理。因此，普通的一维条码在使用过程中仅作为识别信息，它的意义是通
过在计算机系统的数据库中提取相应的信息而实现的。

**5. 一维码举例：UPC 码**

UPC 码（Universal Product Code）是最早大规模应用的条码，其特性是一种长度固定、
连续性的条码，目前主要在美国和加拿大使用，由于其应用范围广泛，故又被称为万用条码。

UPC 码仅可用来表示数字，故其字码集为数字 0～9。UPC 码共有 A、B、C、D、E 5 种版
本，各版本的 UPC 码格式与应用对象如表 2-5 所示。

UPC-A 码具有以下特点：

① 每个字码皆由 7 个模组组合成 2 线条 2 空白，其逻辑值可用 7 个二进制数字表示，
例如，逻辑值 0001101 代表数字 1，逻辑值 0 为空白，1 为线条，故数字 1 的 UPC-A 码为粗空
白（000）—粗线条（11）—细空白（0）—细线条（1）；

② 从空白区开始共 113 个模组，每个模组长 0.33 mm，条码符号长度为 37.29 mm；

③ 中间码两侧的资料码编码规则是不同的,左侧为奇,右侧为偶,奇表示线条的个数为奇数,偶表示线条的个数为偶数。

表 2-5　各版本的 UPC 码格式与应用对象

| 版　本 | 应用对象 | 格　　式 |
|---|---|---|
| UPC-A | 通用商品 | SXXXXX XXXXXC |
| UPC-B | 医药卫生 | SXXXXX XXXXXC |
| UPC-C | 产业部门 | XSXXXXX XXXXXCX |
| UPC-D | 仓库批发 | SXXXXX XXXXXCXX |
| UPC-E | 商品短码 | XXXXXX |

注:S 表示系统码,X 表示资料码,C 表示检查码。

### 2.2.3　二维码

一维条码虽然提高了资料收集与资料处理的速度,但由于受到资料容量的限制,一维条码仅能标识商品,而不能描述商品,在没有数据库或不便上网的地方,一维条码很难派上用场。因此日本首先提出一些储存量较高的二维条码。由于二维条码能够在横向和纵向两个方位同时表达信息,一次能用很小面积表达大量的信息。二维条码具有高密度、大容量、抗磨损等特点,所以更拓宽了条码的应用领域。

要提高资料密度,又要在一个固定面积上印出所需资料,可用两种方法来解决。

(1)在一维条码的基础上向二维条码方向扩展;发展出堆叠式(Stacked)二维条码,也叫行排式二维条码,如图 2-7 所示。堆叠式二维条码的编码原理建立在一维条码的基础上,将一维条码的高度变窄,再依需要堆成多行,其在编码设计、检查原理、识读方式等方面都继承了一维条码的特点,但由于行数增加,对行的辨别、解码算法及软体则与一维条码有所不同。较具代表性的堆叠式二维条码有 PDF417,Code16K,Supercode,Code49 等。

(2)利用图像识别原理,采用新的几何形体和结构设计出二维条码。有矩阵式(Matrix)二维条码之发展,也叫棋盘式二维条码,如图 2-8 所示。矩阵式二维条码是以矩阵的形式组成,在矩阵相应元素位置上,用点(Dot)的出现表示二进制的“1”,不出现表示二进制的“0”,点的排列组合确定了矩阵码所代表的意义。其中点可以是方点、圆点或其他形状的点。矩阵码是建立在计算机图像处理技术、组合编码原理等基础上的图形符号自动辨识的码制,已较不适合用“条码”称之。具有代表性的矩阵式二维条码有 Data matrix,Maxi code,Veri code,Softstrip,Code1,Philips Dot Code 等。

图 2-7　堆叠式二维码　　　　　　　　　图 2-8　矩阵式二维码

二维条码技术在资料储存量大、信息随着产品走、可以传真影印、错误纠正能力高等特

性下,二维条码在1990年已逐渐在商业流通、仓储、医疗卫生、图书情报、邮政、铁路、交通运输和生产自动化管理领域被使用。

**1. 二维条码的特点**

二维条码除了具有一维条形码的优点外,同时还有信息量大,可靠性、保密性、防伪性强等优点。

(1) 二维码安全性强

二维条形码依靠其庞大的信息携带量,能够把过去使用一维条形码时存储于后台数据库中的信息包含在条形码中,可以直接通过阅读条形码得到相应的信息,并且二维条形码还有错误修正技术及防伪功能,增加了数据的安全性。

(2) 二维码密度高

目前,应用比较成熟的一维条形码如 EAN、UCC 条形码,因密度较低,故仅作为一种标识数据,不能对产品进行描述。我们要知道产品的有关信息,必须通过识读条形码而进入数据库。这就要求我们必须事先建立以条形码所表示的代码为索引字段的数据库。二维条形码则通过利用垂直方向的尺寸来提高条形码的信息密度,通常情况下其密度是一维条形码的几十到几百倍。这样我们就可以把产品信息全部存储在一个二维条形码中,要查看产品信息,只要用二维码识读设备扫描二维条码即可。因此不需要事先建立数据库,真正实现了用条形码对"物品"的描述。

(3) 二维码具有纠错功能

一维条形码的应用建立在这样一个基础上,那就是识读时拒读(读不出)要比误读(读错)好。因此一维条形码通常同其表示的信息一同印刷出来。当条形码受到损坏(污损、脱墨等)时,可以通过键盘录入代替扫描条形码。鉴于以上原则,一维条码没有考虑条码本身的纠错功能,尽管引入了校验字符的概念,但仅限于防止读错。二维条形码可以表示数以千计字节的数据,通常情况下,所表示的信息不可能与条形码符号一同印刷出来。如果没有纠错功能,当二维条形码的某部分损坏时,该条形码变得毫无意义,因此二维条形码引入错误纠正机制。这种纠错机制使得二维条形码因穿孔、污损等引起局部损坏时,照样可以正确得到识读。二维条码的纠错算法与人造卫星和 VCD 等所用的纠错算法相同。这种纠错机制使得二维码成为一种安全可靠的信息存储和识别的方法,这是一维条形码无法相比的。

(4) 二维条码可以表示多种语言文字及图像数据

多数一维条形码所能表示的字符集不过是 10 个数字、26 个英文字母和一些特殊字符。条形码字符集最大的 Code 128 条形码所能表示的字符个数也不过是 128 个 ASCII 字符。因此要用一维条码表示其他语言文字(汉字、日文)是不可能的。多数二维条形码都具有字节表示模式,即提供了一种表示字节流的机制。我们知道,无论何种语言文字,它们在计算机中存储时都以机内码的形式表现,而内部码都是字节码。这样就可以设法将各种语言文字信息转换成字节流,然后再将字节流用二维条形码表示,从而为多种语言文字的条形码表示提供了一条前所未有的途径。

既然二维条码可以表示字节数据,而图像多以字节形式存储,因此使图像(照片、指纹等)的条形码表示成为可能。

(5) 二维条码可引入加密机制

加密机制的引入是二维条形码的又一优点。例如,我们用二维条形码表示照片时,可以先用一定的加密算法将图像信息加密,然后再用二维条形码表示。在识别二维条形码时,再加以一定的解密算法,就可以恢复所表示的照片。这样便可以防止各种证件、卡片等的伪造。

**2. 条码扫描器**

一般对条码扫描器的分类如图 2-9 所示,共可分为 4 类:① 手持激光条码扫描器(Hand-Held Laser Bar Code Reader);② 固定式激光条码扫描器(Fixed Laser Bar Code Reader);③ CCD 条码扫描器(Charge Coupled Device Bar Code Reader);④ 光笔条码扫描器(WAND 或 Light Pen)。若依扫描方式分类,则有单点式、线型与面型 3 种。

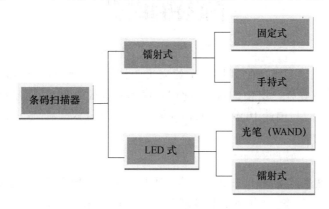

图 2-9 条码扫描器分类

条码扫描器可分为两个独立的部分:输入元件(Input Device)及解码器(Decoder)。两者可一体成型,也可以电线连接,或利用红外线以无线方式输送资料。输入元件主要包括光电转换系统与类比数位转换器两大部分,光电系统主要用来扫描条码,扫描动作可随着操作者手的移动或条码的移动来完成。当光源照射到条码,反射光经光路设计落在感测元件上时,感测元件随着不同内射光之强度转换成不同的类比信号,经类比数位(A/D)转换器处理成数位码输出。数位码输出到解码器中,将数位码解译成条码信号,即完成了条码扫描的工作。条码扫描器的读取系统结构如图 2-10 所示。

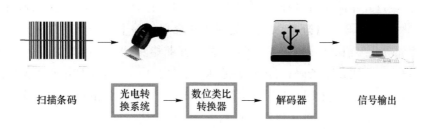

扫描条码 　 光电转换系统 → 数位类比转换器 → 解码器 　 信号输出

图 2-10 条码扫描器的读取系统结构

**3. 二维条码的识别**

二维条码的识别有两种方法:① 透过线型扫描器逐层扫描进行解码;② 透过照相和图像处理对二维条码进行解码。对于堆叠式二维条码,可以采用上述两种方法识读,但对绝大多数的矩阵式二维条码则必须用照相方法识读,如使用面型 CCD 扫描器。

用线型扫描器(如线型 CCD、激光枪)对二维条码进行辨识时,如何防止垂直方向的资料漏读是主要的技术关键,因为在识别二维条码符号时,扫描线往往不会与水平方向平行。解决这个问题的方法之一是必须保证条码的每一层至少有一条扫描线完全穿过,否则解码程序不识读。这种方法简化了处理过程,但却降低了资料密度,因为每层必须要有足够的高度来确保扫描线完全穿过,如图 2-11 所示。我们所提到的二维条码中,如 Code 49,Code 16K 的识别即是如此。

图 2-11　PDF417 二维条码

不同于其他堆叠式二维条码,PDF417 建立了一种能"缝合"局部扫描的机制,只要确保有一条扫描线完全落在任一层中即可,因此层与层间不需要分隔线,而是以不同的符号字元(Cluster)来区分相邻层,因此 PDF417 的资料密度较高,是 Code 49 及 Code 16K 的两倍多,但其识读设备比较复杂。

**4. PDF417 条码**

PDF417 条码是由留美华人王寅敬（音）博士发明的。PDF 取自英文 Portable,Data,File 3 个单词的首字母,意为"便携数据文件"。因为组成条码的每一符号字符都是由 4 个条和 4 个空共 17 个模块构成,所以称为 PDF417 条码,如图 2-12 所示。PDF417 是一种多层、可变长度、具有高容量和纠错能力的二维条码。每一个 PDF417 符号可以表示 1 100 个字节或 1 800 个 ASCII 字符或 2 700 个数字的信息。

图 2-12　PDF417 条码

二维条码 PDF417 作为一种新的信息存储和传递技术,从诞生之始就受到了国际社会的广泛关注。经过几年的努力,现已广泛地应用在国防、公共安全、交通运输、医疗保健、工业、商业、金融、海关及政府管理等领域。美国亚利桑那州等十多个州的驾驶证、美国军人证、军人医疗证等几年前就已采用了 PDF417 技术。菲律宾、埃及、巴林等许多国家也已在身份证或驾驶证上采用二维条码,我国对香港地区恢复行使主权后,香港居民新发放的特区护照上采用的就是二维条码 PDF417 技术。除了证件上,在工业生产、国防、金融、医药卫生、商业、交通运输等领域,二维条码同样得到了广泛的应用。

### 2.2.4　一维码和二维码比较

虽然一维和二维条码的原理都是用符号来携带资料,达成资料的自动辨识。但是一维条码与二维条码的差异可以从资料容量与密度、错误侦测能力及错误纠正能力、主要用途、资料库依赖性、识读设备等项目看出,一维条码与二维条码应用处理的比较如表 2-6 所示,此外,一维条码稍有磨损即会影响条码阅读效果,故较不适用于工厂型行业。

如前所述,二维条码具有储存量大、保密性高、追踪性高、抗损性强、备援性大、成本便宜等特性,这些特性特别适用于表单、安全保密、追踪、证照、存货盘点、资料备援等方面,如图2-13所示。

表 2-6  一维条码与二维条码的差异

| 项 目 | 一维条码 | 二维条码 |
|---|---|---|
| 资料密度与容量 | 密度低,容量小 | 密度高,容量大 |
| 错误侦测及自我纠正能力 | 可以检查码进行错误侦测,但没有错误纠正能力 | 有错误检验及错误纠正能力,并可根据实际应用设置不同的安全等级 |
| 垂直方向的资料 | 不储存资料,垂直方向的高度是为了识读方便,并弥补印刷缺陷或局部损坏 | 携带资料,因对印刷缺陷或局部损坏等可以错误纠正机制恢复资料 |
| 主要用途 | 主要用于对物品的标识 | 用于对物品的描述 |
| 资料库与网路依赖性 | 多数场合需依赖资料库及通信网路的存在 | 可不依赖资料库及通信网路的存在而单独应用 |
| 识读设备 | 可用线扫描器识读,如光笔、线型CCD、激光枪 | 对于堆叠式可用型线扫描器的多次扫描,或可用图像扫描仪识读。矩阵式则仅能用图像扫描仪识读 |

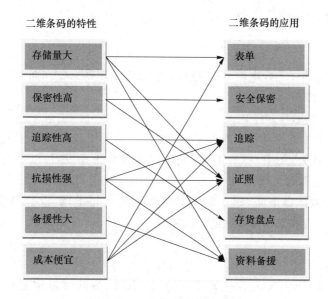

图 2-13  二维码的特性和应用

① 表单应用:公文表单、商业表单、进出口报单、舱单等资料之传送交换,减少人工重复输入表单资料,避免人为错误,降低人力成本。

② 保密应用:商业情报、经济情报、政治情报、军事情报、私人情报等机密资料之加密及传递。

③ 追踪应用:公文自动追踪、生产线零件自动追踪、客户服务自动追踪、邮购运送自动追踪、维修记录自动追踪、危险物品自动追踪、后勤补给自动追踪、医疗体检自动追踪、生态研究(动物、鸟类)自动追踪等。

④ 证照应用:护照、身份证、挂号证、驾照、会员证、识别证、连锁店会员证等证照之资料登记及自动输入,发挥随到随读、立即取用的资讯管理效果。

⑤ 盘点应用:物流中心、仓储中心、联勤中心之货品及固定资产之自动盘点,发挥立即盘点、立即决策的效果。备援,携带方便,不怕折叠,保存时间长,又可影印传真,做更多备份。

# 2.3 物联网 RFID 系统

## 2.3.1 RFID 系统概述

### 1. RFID 的概念

射频识别技术又称无线射频识别,是一种通信技术,可通过无线电信号识别特定目标并读写相关数据,而无须识别系统与特定目标之间建立机械或光学接触。无线电的信号是通过调成无线电频率的电磁场,把数据从附着在物品上的标签上传送出去,以自动辨识与追踪该物品。某些标签在识别时从识别器发出的电磁场中就可以得到能量,并不需要电池;也有标签本身拥有电源,并可以主动发出无线电波(调成无线电频率的电磁场)。标签包含了电子存储的信息,数米之内都可以识别。与条形码不同的是,射频标签不需要处在识别器视线之内,也可以嵌入被追踪物体之内。

### 2. 性能特点

(1)快速扫描

RFID 辨识器可通过无线电波同时辨识读取数个 RFID 标签。而条形码一次只能扫描一个,而且距离要求较近。

(2)体积小型化、形状多样化

RFID 在读取上并不受尺寸大小与形状限制,不需为了读取精确度而配合纸张的固定尺寸和印刷品质。此外,RFID 标签更可往小型化与多样形态发展,以应用于不同产品。

(3)抗污染能力和耐久性

传统条形码的载体是纸张,附于塑料袋或外包装纸箱上,因此容易受到污染折损,但RFID 卷标是将数据存在芯片中,因此可以免受污损,对水、油和化学药品等物质具有很强的抵抗性。

(4)可重复使用

现今的条形码印刷上去之后就无法更改,RFID 标签则可以重复地新增、修改、删除RFID 卷标内储存的数据,方便信息的更新。

(5)穿透性和无屏障阅读

在被覆盖的情况下,RFID 能够穿透纸张、木材和塑料等非金属或非透明的材质,并能够进行穿透性通信。而条形码扫描机必须在近距离而且没有物体阻挡的情况下,才可以辨读条形码。

(6)数据的记忆容量大

一维条形码的容量是 50 B,二维条形码最大的容量可储存 2~3 000 字符,RFID 最大的容量则有数兆字节。随着记忆载体的发展,数据容量也有不断扩大的趋势。未来物品所需携带的资料量会越来越大,对卷标所能扩充容量的需求也相应增加。

(7) 安全性

由于 RFID 承载的是电子式信息,其数据内容可经由密码保护,使其内容不易被伪造及变造。

RFID 因其所具备的远距离读取、高储存量等特性而备受瞩目。它不仅可以帮助一个企业大幅提高货物、信息管理的效率,还可以让销售企业和制造企业互联,从而更加准确地接收反馈信息,控制需求信息,优化整个供应链。

### 2.3.2 RFID 系统组成

射频识别系统的工作原理是利用射频标签与射频读写器之间的射频信号及其空间耦合、传输特性,实现对静止的、移动的待识别物品的自动识别。一般地,RFID 系统由 5 个组件构成,包括传送器、接收器、微处理器、天线和标签。传送器、接收器和微处理器通常被封装在一起,统称为阅读器。所以工业界将 RFID 系统分为阅读器、天线和电子标签三大组件。体系结构如图 2-14 所示。

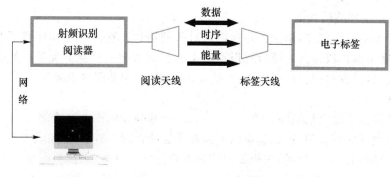

（a）

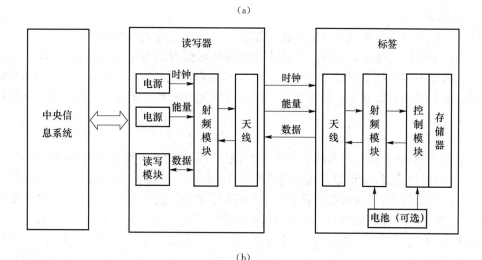

（b）

图 2-14 RFID 系统

### 1. 电子标签

由耦合元件、芯片及微型内置天线组成,每个电子标签(应答器,Tag)具有唯一的电子

编码 EPC,附着在物体上标识目标对象,也称智能标签。芯片内保存有一定格式的电子数据,作为识别物品的依据。芯片的内部结构主要包括射频前端、模拟前端、数字处理单元和 EEPROM 存储单元四部分。内置天线用于和射频天线间进行通信。

电子标签和阅读器之间通过耦合元件实现射频信号的空间(无接触)耦合,在耦合通道内,根据时序关系,实现能量的传递、数据的交换。耦合类型有两种:一种是电感耦合,变压器模型;另一种是电磁反响散射耦合。电磁与电感耦合的差别在于电磁耦合方式中阅读器将射频能量以电磁波的形式发送出去;在电感耦合方式中,阅读器将射频能量束缚在阅读器电感线圈周围,通过交变闭合的线圈磁场,沟通阅读器线圈与射频标签之间的射频通道,没有向空间辐射电磁能量。

(1)电子标签工作原理

电子标签进入磁场后,接收解读器发出的射频信号,凭借感应电流所获得的能量发送出存储在芯片中的产品信息(Passive Tag,无源标签或被动标签),或者主动发送某一频率的信号(Active Tag,有源标签或主动标签);解读器读取信息并解码后,送至中央信息系统进行有关数据处理。

(2)射频识别标签的功能

具有一定容量的存储器,用于存储被识别对象的信息。在一定工作环境下及技术条件下,标签数据能被读出或写入。维持对识别对象的识别及相关信息的完整。数据信息编码后,工作时可传输给读写器。可编程,具有确定的期限,使用期限内无须维修。

(3)分类

电子标签依内部保存信息注入方式的不同,可将其分为集成电路固化式、现场有线改写式和现场无线改写式三大类;根据读取电子标签数据的技术实现手段,可将其分为广播发射式、倍频式和反射调制式三大类;按标签的读写方式分类可分为:只读型标签、一次性编程标签、可重复编程标签。按能量供给方式(电池供电)的不同,可分为被动(无源)、半主动、主动(有源)3 类。

① 被动式

被动式标签没有内部供电电源。其内部集成电路通过接收到的电磁波进行驱动,这些电磁波是由 RFID 读取器发出的。当标签接收到足够强度的信号时,可以向读取器发出数据。这些数据不仅包括 ID 号(全球唯一标识 ID),还可以包括预先存在标签内 EEPROM 中的数据。由于被动式标签具有价格低廉、体积小巧、无须电源的优点。市场的 RFID 标签主要是被动式的。

② 半主动式

一般而言,被动式标签的天线有两个任务,第一,接收读取器所发出的电磁波驱动标签;第二,标签回传信号时,需要靠天线的阻抗作切换,才能产生 0 与 1 的变化。问题是,如果想要有最好的回传效率,天线阻抗必须设计在"开路与短路",这样会使信号完全反射,无法被标签接收,半主动式标签就是为了解决这样的问题。半主动式类似于被动式,不过它多了一个小型电池,电力恰好可以驱动标签,使得标签处于工作的状态。这样的好处在于,天线可以不用管接收电磁波的任务,充分作为回传信号之用。比起被动式,半主动式有更快的反应速度,更好的效率。

③ 主动式

与被动式和半被动式不同的是,主动式标签本身具有内部电源供应器,用以供应内部

IC所需电源以产生对外的信号。一般来说,主动式标签拥有较长的读取距离和较大的记忆体容量,可以用来储存读取器所传送来的一些附加讯息。

**2. 阅读器**

阅读器(Reader)是读取(写入)电子标签信息的设备,是RFID系统最重要也最复杂的一个组件。阅读器通过发射天线发送一定频率的射频信号,当电子标签进入发射天线工作区域时产生感应电流,电子标签获得能量被激活;电子标签将自身编码等信息通过卡内置发送天线发送出去;系统接收天线接收到从电子标签发送来的载波信号,经天线调节器传送到阅读器,阅读器对接收的信号进行解调和解码,然后送到后台主系统进行相关处理;主系统根据逻辑运算判断该卡的合法性,针对不同的设定做出相应的处理和控制。

阅读器一方面通过标准网口、RS232串口或USB接口同主机相连,另一方面通过天线和标签通信。

根据支持的标签类型不同与完成的功能不同,阅读器的复杂程度是显著不同的。阅读器的基本功能就是提供与电子标签进行数据传输的途径。另外,阅读器还提供相当复杂的信号状态控制、奇偶错误校验与更正功能等。标签中除了存储需要传输的信息外,还必须含有一定的附加信息,如错误校验信息等。识别数据信息和附加信息按照一定的结构编制在一起,并按照特定的顺序向外发送。阅读器通过接收到的附加信息来控制数据流的发送。一旦到达阅读器的信息被正确地接收和译解后,阅读器通过特定的算法决定是否需要发射机对发送的信号重发一次,或者指导发射器停止发信号,这就是"命令响应协议"。使用这种协议,即便在很短的时间、很小的空间阅读多个电子标签,也可以有效地防止"欺骗问题"的产生。

**3. 天线**

天线(Antenna)与阅读器相连,用于电子标签和阅读器之间传递射频信号。阅读器可以连接一个或多个天线,但每次使用时只能激活一个天线。天线的形状和大小会随着工作频率和功能的不同而不同。RFID系统的工作频率从低频到微波,范围很广,使得天线与电子标签芯片之间的匹配很复杂。

在天线性能标准方面,最重要的标签天线性能参数为天线的阅读距离 $r$,为了保证较长的阅读距离,标签天线要有至少0 dB以上的增益,同时对于标签天线和标签芯片组成的电路来说,标签天线到标签芯片要有较高的功率传输系数,而较高的功率传输系数要由标签天线与标签芯片的较好匹配来实现。其次在天线设计要求方面,标签的形状和大小要适合嵌入或者贴在被识别的物体上,或者标签天线附于印刷标签内;另外,必须控制标签的制造成本,这要求标签的天线结构简单。

与标签天线一样,阅读器天线同样要考虑阅读距离和制造成本,同时天线的带宽要覆盖工作频段。由于阅读距离的考虑,阅读天线要有尽可能高的增益;从制造成本考虑,阅读器天线要求尽可能简单的结构,同时要求天线具有尽可能小的尺寸,这样也便于阅读器小型化。

RFID天线主要分为近场天线、远场天线、偶极子天线、微带贴片天线和电感耦合射频天线等。近场天线系统工作在天线的近场,标签所需的能量都是通过电感耦合方式由读写器的耦合线圈辐射近场获得,工作方式为电感耦合。对于超高频和微波频段,读写器天线要为标签提供能量或唤醒有源标签,工作距离较远,一般位于读写器天线的远场。偶极子天线

也称为对称振子天线,由两段同样粗细和等长的直导线排成一条直线构成。信号从中间的两个端点馈入,在偶极子的两臂上将产生一定的电流分布,这种电流分布就会在天线周围空间激发起电磁场。微带贴片天线通常是由金属贴片贴在接地平面上的一片薄层,微带贴片天线质量轻、体积小、剖面薄,馈线和匹配网络可以和天线同时制作,与通信系统的印制电路集成在一起,贴片又可采用光刻工艺制造,成本低、易于大量生产。

**4. 传输内容**

传送中能量是时序得以实现的基础,时序是数据交换的实现方式,数据交换是目的。

(1)能量

阅读器向射频标签供给射频能量。

(2)时序

双向系统(阅读器向标签发送命令和数据,标签向阅读器返回所存储的数据)分为阅读器先讲方式和射频标签先讲方式两种。一般情况下,采用阅读器先讲方式,阅读器通过发出一系列的隔离指令,使得读出范围内的多个射频标签逐一或逐批地被隔离(令其睡眠)出去,最后保留一个处于活动状态的标签与阅读器建立无冲撞的通信。

(3)数据传输

① 从阅读器向射频标签方向的数据交换:从射频标签存储信息的注入方式来分,可分为有线写入方式和无线写入方式两种情况。从阅读器向射频标签是否发送命令来分,可分为射频标签只能接受能量激励和既接受能量激励也接受阅读器代码命令。

② 从射频标签向阅读器方向的数据交换。其工作方式包括:射频标签收到阅读器发送的射频能量时被激活,并向阅读器反射标签存储的信息(此方式属单向通信)。射频标签收到阅读器发送的射频能量被激励后,根据阅读器发送的指令转入发送数据状态或"休眠"状态(此方式为半双工双向通信)。

### 2.3.3 RFID 系统主要技术

RFID 未来发展的主要技术有以下几个。

**1. 工作频率**

RFID 频率是 RFID 系统一个很重要的参数指标,它决定了工作原理、通信距离、设备成本、天线形状和应用领域等各种因素。工作频率的选择既要适应各种不同应用需求,还要考虑各国对无线电频段使用和发射功率的规定。

按照工作频率(单位:Hz)的不同,分为低频(LF)、高频(HF)、超高频(UHF)和微波频段(MW)4 种,这 4 种频率的工作性能如下,总结如表 2-7 所示。

(1)低频

低频标签工作频率范围 30～300 kHz,其实 RFID 技术首先在低频得到广泛的应用和推广。该频率主要是通过电感耦合的方式进行工作,也就是在读写器线圈和感应器线圈间存在着变压器耦合作用。通过读写器交变场的作用在感应器天线中感应的电压被整流,可作供电电压使用。磁场区域能够很好地被定义,但是场强下降得太快。

特性:该频段的波长大约为 2 500 m;除了金属材料影响外,一般低频能够穿过任意材料的物品而不降低它的读取距离;工作在低频的读写器在全球没有任何特殊的许可限制;低频产品有不同的封装形式,好的封装形式就是价格太贵,但是有 10 年以上的使用寿命;虽然该频率的磁场区域下降很快,但是能够产生相对均匀的读写区域;相对于其他频段的RFID产品,该频段数据传输速率比较慢;感应器的价格相对于其他频段来说要贵。

表 2-7　RFID 频率的分类

| 参　数 | 低频(LF) | 高频(HF) | 超高频(UHF) | 微波(uW) |
|---|---|---|---|---|
| 典型频率 | 125～134 kHz | 13.56 MHz | 433 MHz,860～960 MHz | 2.45 GHz,5.8 GHz |
| 对应标准 | ISO11784/11785(用于动物识别)、ISO18000-2(125～135 kHz) | ISO14443、ISO15693、ISO18000-3(13.56 MHz)等 | ISO18000-7(433.92 MHz)ISO18000-6(860-930 MHz) | ISO18000-4(2.45 GHz)、ISO18000-5(5.8 GHz) |
| 技术特点 | 穿透及绕射能力强(能穿透水及绕射金属物质);但速度慢、距离近 | 性价比适中,适用于绝大多数环境;但抗冲突能力差 | 速度快、作用距离远;但穿透能力弱(不能穿透水,被金属物质全反射) | 一般为有源系统,作用距离远;但抗干扰力差 |
| 作用距离 | <10 cm | 1 ～ 20 cm | 3～8 m | >10 m |
| 主要应用 | 门禁、防盗系统、动物识别、容器识别、工具识别 | 智能卡、电子票务、图书管理、商品防伪 | 仓储管理、物流跟踪、航空包裹、自动控制 | 道路收费 |

低频系统典型的工作频率有125 kHz、225 kHz等。基于这些频点的射频识别系统一般都有相应的国际标准,其基本特点是:电子标签的成本较低、标签内保存的数据量较少、阅读距离较短(无源情况,典型阅读距离为10 cm),电子标签外形多样(卡状、环状、纽扣状、笔状),阅读天线方向性不强等。

低频标签的优势:具有省电、廉价的特点;工作频率不受无线电频率管制约束;可以穿透水、有机组织、木材等;非常适合近距离、低速度的、数据量要求较少的识别应用。低频标签的劣势有:存储数据量少,只能适合低速、近距离识别应用;与高频标签相比,天线匝数更多,成本更高一些。

(2)高频

高频标签工作频率范围3～30 MHz,典型工作频率为13.56 MHz,在该频率的感应器不再需要线圈进行绕制,可以通过腐蚀或者印刷的方式制作天线。感应器一般通过负载调制的方式进行工作。也就是通过感应器上的负载电阻的接通和断开促使读写器天线上的电压发生变化,实现用远距离感应器对天线电压进行振幅调制。如果人们通过数据控制负载电压的接通和断开,那么这些数据就能够从感应器传输到读写器。

值得关注的是,在13.56 MHz频段中主要有ISO14443和ISO15693两个标准来组成,ISO14443俗称Mifare 1系列产品,识别距离近但价格低,保密性好,常作为公交卡、门禁卡来使用。ISO15693的最大优点在于它的识别效率,通过较大功率的阅读器可将识别距离扩展至1.5 m以上,由于波长的穿透性好,在处理密集标签时有优于超高频的读取效果。

特性:工作频率为13.56 MHz,该频率的波长大概为22 m;除了金属材料外,该频率的波长可以穿过大多数的材料,但是往往会降低读取距离。标签需要离开金属4 mm以上的距离,其抗金属效果在几个频段中较为优良;该频段在全球都得到认可并没有特殊的限制;

该系统具有防冲撞特性,可以同时读取多个电子标签;数据传输速率比低频要快,价格不是很贵。

（3）超高频/微波系统

超高频/微波系统一般其工作频率大于 400 MHz,典型的工作频段有 868 MHz、915 MHz、2 450 MHz、5 800 MHz 等。系统在这些频段上也有众多的国际标准予以支持,基本特点是:电子标签及阅读器成本较高,标签内保存的数据量较大,阅读距离较远(可达几米至十几米),适应物体高速运动,性能好,外形一般为卡状,阅读天线及电子标签天线均有较强的方向性。该频段读取距离比较远,无源可达 10 m 左右。主要是通过电容耦合的方式进行实现。

特性:在该频段,全球的定义不是很相同。欧洲和部分亚洲定义的频率为 868 MHz,北美定义的频段为 902~905 MHz,在日本建议的频段为 950~956 MHz。该频段的波长大概为 30 cm 左右;该频段功率输出没有统一的定义(美国定义为 4 W,欧洲定义为 500 mW,可能欧洲限制会上升到 2 W EIRP)。

超高频标准不统一,制约产业发展;超高频频段的电波不能通过许多材料,特别是金属、液体、灰尘、雾等悬浮颗粒物质,可以说环境对超高频段的影响是很大的;电子标签的天线一般是长条和标签状。天线有线性和圆极化两种设计,满足不同应用的需求;该频段有好的读取距离,但是对读取区域很难进行定义;有很高的数据传输速率,在很短的时间可以读取大量的电子标签。

近两年来,无源超高频电子标签价格下降很快,但是从 RFID 芯片以及包含读写器、电子标签、中间件、系统维护等整体成本而言,超高频 RFID 系统价格依然偏高,而项目成本是应用超高频 RFID 系统最终用户权衡项目投资收益的重要指标。所以,超高频系统的成本瓶颈,也是制约中国超高频市场发展的重要因素。

**2. RFID 电子标签的成本**

电子标签的成本对于 RFID 技术的推广具有极其重要的影响,一旦拥有价格低廉的电子标签,将可以迅速推广应用。在 RFID 系统中使用的电子标签分为主动式电子标签和被动式电子标签。主动式电子标签一般配有电池作为电源,所存数据内容较多,因而包含更多信息以实现较多功能且识别的空间范围也相对较大;缺点在于体积较大、价格较高,且电池寿命由标签功耗决定。被动式电子标签体积小、成本低,便于应用,但功能有限,包含信息量较小,识别距离较短。受成本因素的制约,目前实际所用电子标签以被动式无源电子标签为多。影响电子标签价格的因素很多,但最主要的是材料及电子元器件,电子标签的体积和功耗也是影响价格的重要因素,一般而言,技术体系相同且兼容性好的电子标签因批量较大往往可以降低单个电子标签的价格。

**3. 传输的数据干扰**

RFID 技术使用多种频段用于数据通信,RFID 读写器完成电子标签的识别及其数据的读写功能。因其使用非接触的通信方式,以电磁波作为传输媒介并将自由空间作为传输信道,所以一般运用电感耦合原理或反向散射工作原理,具体采用的频段和运用的原理依据应用需求和应用领域而决定。电磁波在空间传播时,由于反射、折射、散射和吸收现象的存在,导致损耗而引起信号的衰减,又因存在多径效应的原因而产生时延,并且室内空间环境和室外空间环境都具有很大的随机性,使得数据传输的干扰很难在固定条件的模型里进行分析。另外,由于空间的开放性,实际中存在的各种电磁波信号也对空间传输信道产生着各类干扰。在RFID系统中,由于标签数量众多,当读写器发送信号后,来自不同标签的应答信号也互相干扰,甚至运用多个读写器时,读写器相互之间也存在干扰,理论上说越庞大的RFID系统,自身存在的干扰问题就越为复杂和突出。因为这些原因,最终在数据读写的传输过程中,会出现漏读、无法识别等种种故障现象。

**4. 数据碰撞**

在很多RFID系统的应用场合里,往往需要RFID读写器在极短的时间片段里对数十个甚至上百个标签进行读写数据操作,信号传输在时间域上存在着重叠,从而产生数据碰撞问题。数据碰撞的问题本质上是信道共享的问题,在信道共享的问题上,一般采用时分多址、频分多址、空分多址、码分多址4种方式解决,但在RFID系统中受制于功耗及其他因素影响,FDMA频分多址、SDMA空分多址、CDMA码分多址3种方式并不适用。目前广泛使用的基本都是基于TDMA时分多址方式的防冲突算法来解决数据碰撞问题,一种是基于二进制数的确定性算法,还有一种是基于ALOHA的不确定性算法。二进制数的确定性算法防冲突能力强、数据结构和指令都比较简单,但支持的存储容量小,搜索时间也需要优化;ALOHA的不确定性算法识别速率高,但复杂度明显且不能完全解决冲突,存在标签饿死的问题。算法的优化和研究在RFID系统中,成为解决数据碰撞问题从而完成多目标识别的关键技术。

**5. 数据安全**

RFID系统大量使用电子标签,在这种环境下企业的商业机密、国家的安全问题都有可能泄露,安全威胁主要来自标签威胁、网络威胁和数据威胁。RFID标签的计算能力、存储空间和电源供给都比较有限,越便宜的电子标签计算能力越弱,对安全威胁的防护也越差。由于采用无线通信的方式,在某些介质可穿透的状态下,对于长达50 m以上的通信信道,不法分子可以利用技术手段盗取标签信息,通过隐蔽方式对电子标签或者是读取电子标签信息的RFID读写器发动攻击或者截获信息。对于电子标签本身而言,具有多次读写功能的电子标签相对应用便捷,但也存在更大隐患,安全策略保护显得尤为重要;对于无线通信信道而言,容易遭受非法截取通信数据的风险,容易遭到攻击而产生通信链路堵塞或受到欺骗;对于网络连接而言,易于遭受来自互联网的各种攻击。RFID系统在数据安全方面应当保证机密性、数据完整性、防欺骗的真实性和通信信息的隐私性。

**6. 作用距离**

射频识别系统中射频标签与读写器之间的作用距离是射频识别系统中的一个重要问题。根据射频识别系统作用距离的远近情况,射频识别系统可分为密耦合、遥耦合和远距离3类。

(1)密耦合系统

密耦合的作用距离是1 cm以下,是利用射频标签与读写器之间的电感耦合构成无接触的空间信息传输射频通道工作的,工作频率一般在30 MHz以下。射频标签一般是无源标签。国际标准可参考的有ISO10536。数据传输是通过电感(磁场)耦合或电容(电场)耦合的负载调制实现的。

(2)遥耦合系统

遥耦合与密耦合的不同之处是不可能采用电容耦合,一般又称为电感耦合。遥耦合又可分为近耦合(典型作用距离为15 cm)和疏耦合(典型作用距离为1 m)两类。国际标准可

参考的有 ISO14443（近耦合）和 ISO15693（疏耦合）。遥耦合标签几乎是无源标签,通常是由单个芯片以及作为天线的大面积线圈所组成。数据传输也是通过电感(磁场)耦合的负载调制实现。遥耦合系统目前仍是低成本射频识别系统的主流,其典型工作频率为 13.56 MHz。

（3）远距离系统

远距离系统的工作距离从几米到几十米,个别系统具有更远的作用距离。典型的工作频率有 915 MHz、2.45 GHz 等,可参考的国际标准有 ISO10374、ISO18000-4-5-6 等。与前两者都是无功近场区不同,天线场区是辐射远场区。与前两者都是电感耦合不同,远距离系统均是利用射频标签与读写器之间的电磁耦合(电磁波发射与反射)构成无接触的空间信息传输射频通道工作的。

### 2.3.4　RFID 技术的标准化

#### 1. 发展进程

1940—1950 年:雷达的改进和应用催生了射频识别技术,1948 年 Harry Stockman 发表了论文《用能量反射的方法进行通信》,奠定了射频识别技术的理论基础。二战期间,英国空军首先在飞机上使用 RFID 来辨别敌我飞机。后来成为世界空中交通管制系统的基础,至今使用。

1950—1960 年:早期射频识别技术的探索阶段,主要处于实验室实验研究,使用成本高,设备体积大。

1960—1970 年:射频识别技术的理论得到了发展,开始了一些应用尝试。早期的使用 1 位的无电源电子标签,当靠近读写器时就报警。

1970—1980 年:射频识别技术与产品研发处于一个大发展时期,各种射频识别技术测试得到加速,出现了一些最早的射频识别应用。

1980—1990 年:射频识别技术及产品进入商业应用阶段,各种规模应用开始出现。挪威使用了 RFID 电子收费系统,纽约港务局用在了汽车管理系统,欧洲用来跟踪野生动物。

1990—2000 年:射频识别技术标准化问题日趋得到重视,射频识别产品得到广泛采用,射频识别产品逐渐成为人们生活中的一部分。美国公路自动收费系统 RFID 得到了广泛的应用。另外在社区管理、人事考勤等也使用了 RFID。

2000 年后:标准化问题日趋为人们所重视,射频识别产品种类更加丰富,有源电子标签、无源电子标签及半无源电子标签均得到发展,电子标签成本不断降低,规模应用行业扩大。2003 年沃尔玛全面使用 RFID。

#### 2. 标准化

目前,全球 RFID 最有影响力的三大标准制定者分别是 ISO/IEC 的 18000 系列标准、欧美的 EPC global 标准、日本的 UID 标准。

ISO/IEC 作为全球历史最悠久、涉及领域最多的国际标准组织,它有着天然的公信力以及强大的推动能力。1995 年国际标准化组织 ISO/IEC 联合技术委员会设立了子委员会 SC31,负责 RFID 标准化研究工作。SC31 委员会由来自各个国家的代表组成,如英国的 BSI IST34 委员、欧洲的 CEN TC225 成员。他们既是各大公司内部咨询者,也是不同公司利益的代表者。ISO/IEC 出台的 RFID 标准主要关注基本的模块构建、空中接口、涉及的数据结构以及应用的具体实施等方面的问题。SC31 子委员会负责的 RFID 标准可以分为 4

个方面:数据标准(如编码标准 ISO/IEC 15691,数据协议 ISO/IEC 15692、ISO/IEC 15693,解决了应用程序、标签和空中接口多样性的要求,提供了一套通用的通信机制)、空中接口标准(ISO/IEC 18000 系列)、测试标准(性能测试 ISO/IEC 18047 和一致性测试标准 ISO/IEC 18046)、实时定位(RTLS)(ISO/IEC 24730 系列应用接口与空中接口通信标准)方面的标准。ISO/IEC 所制定的 RFID 技术标准最大意义在于通用性,它提供了一个基本框架,在保证互通与互操作性的原则之上兼顾不同应用领域的特点实现各应用领域的具体实现要求。

EPC global 是起源于欧美的联盟性标准组织,全球诸多零售巨鳄以及 100 多家欧美流通巨头都是其成员,更有 IBM、微软和大名鼎鼎的 Auto-ID 实验室都为其提供技术支持。EPC global 倡导物联网,以建立全球物品信息共享为目标。EPC global 制定了 EPC 编码标准,它可以实现对所有物品提供单件唯一标识;也制定了空中接口协议、读写器协议。这些协议与 ISO 标准体系类似。在空中接口协议方面,目前 EPC global 的策略尽量与 ISO 兼容,但 EPC global 空中接口协议有它的局限范围,仅仅关注 UHF 860～930 MHz。

日本的 UID 标准体系不但要建立一个完整的编码体系,还比较强调信息的获取和分析,比较强调与互联网的结合,以期建立全球范围内物品的跟踪与信息共享,建立物与物相连的通信网络。

目前,ISO/IEC 18000、EPC global、日本 UID 3 个空中接口协议正在完善中。这 3 个标准相互之间并不兼容,主要差别在通信方式、防冲突协议和数据格式这 3 个方面,在技术上差距其实并不大。三大标准体系各有优劣,如图 2-15 所示,目前是全球 RFID 产业标准制定的领头羊。

| 标准体系 | **EPC**<br>(EPC C1G2 被接收为 ISO18000-6C) | **ISO**<br>(ISO18000-6B) | **UID** |
|---|---|---|---|
| 相应组织和技术 | 美国 欧洲 | 欧洲为主 | 日本 |
| 组织结构 标准化组织 | **EPC Global** | **ISO** | **Ubiquitous ID Center** |
| 研发机构 | 芯片:美国国防部,德州仪器,Intel<br>识别器: Symbol<br>软件:IBM,微软 | 芯片:STMicroelectronic,Philips<br>识别器: Nokia,Checkpoint<br>软件: SAP | 日立 ULSI 牵头、NEC、东芝、富士通等国内企业,也有外国厂商,如微软,三星等 |
| 采用的组织和企业 | 美国军方、FDA 和 SSA 等政府机构、沃尔玛、保洁、吉列、强生、100 多家欧美流通企业均为 EPC 成员 | 大型零售商,如德国 METRO,英国 Tesco | NEC(RFID 手机)、Sankei、Shogakukan(产品跟踪)、T-Engine Forum 的 475 家企业将会采用(大部分为日本企业) |
| 技术差异 频段 | 902～928 MHz(UHF 频段)<br>13.56 MHz(智能卡) | 860～950 MHz | 2.45 GHz(ISO 标准)<br>13.56 MHz(智能卡) |
| 读写速度 | 40～640 kbit/s<br>最多同时读写 1000 多个标签 | 40 kbit/s<br>同时读写 10 多个标签 | 250 kbit/s |
| 信息位数 | EPC C1G1:64～96 位<br>EPC C1G2:96～256 位 | 64 位 | 128 位,可扩展至 512 位 |
| 应用领域 | 车辆管理、生产线自动化控制、物资跟踪、出入境人员管理 | 关卡、码头作业和 RFID 标签数量不大的区域 | 电子支付、物流、服装、印刷等,在物流等非制造领域应用较为广泛 |

图 2-15　三大标准体系

**3. RFID 发展面临的问题**

RFID 技术在迅速发展的同时,在标准、制造成本、隐私安全等方面还存在需要解决的问题。

① 目前,RFID 还没有形成统一的全球化标准,市场为多种标准并存的局面。当前比较有影响力的 RFID 标准组织主要有 EPC Global、UID(Ubiquitous ID,泛在识别)和 ISO(国际标准化组织)等。

② 在 UHF 频段,各国规定的使用频率还有一定的差异,欧盟规定的是 868 MHz,北美规定的是 902~928 MHz,日本的则是 950~956 MHz,中国在 2007 年 4 月颁布的 UHF 频段 RFID 应用试行规定中规定使用频率是 840~845 MHz 和 920~925 MHz。由于各国规定的使用频率的不同,导致产品的不兼容,并且标签的双频设计也会导致高成本。

③ 成本是制约 RFID 应用的最大瓶颈,要大规模的商用 RFID,就必须降低 RFID 系统尤其是标签的成本。目前一个条形码的价格还不到 1 美分,而一个电子标签的价格最低在 5~20 美分,只有标签成本降到 3 美分以下,才可能大规模应用于单件包装消费品。

除了上述标准和成本方面的问题以外,RFID 技术还有可能导致对个人隐私的侵犯;RFID 总体技术还不够成熟,对贴于液体及金属物品表面的标签的误读率比较高;射频识别的数据还容易受到攻击;同时 RFID 数据处理能力还有待提高。

## 2.3.5 RFID 技术的应用

电子标签作为数据载体,能起到标识识别、物品跟踪、信息采集的作用。在国外,电子标签已经在广泛的领域内得以应用。电子标签、读写器、天线和应用软件构成的 RFID 系统直接与相应的管理信息系统相连。每一件物品都可以被准确地跟踪,这种全面的信息管理系统能为客户带来诸多的利益,包括实时数据的采集、安全的数据存取通道、离线状态下就可以获得所有产品信息等。

许多行业都运用了射频识别技术。将标签附着在一辆正在生产中的汽车,厂方便可以追踪此车在生产线上的进度。仓库可以追踪药品的所在。射频标签也可以附于牲畜与宠物上,方便对牲畜与宠物的积极识别。射频识别的身份识别卡可以使员工得以进入锁住的建筑部分,汽车上的射频应答器也可以用来征收收费路段与停车场的费用。某些射频标签附在衣物、个人财物上,甚至植入人体之内。由于这项技术可能会在未经本人许可的情况下读取个人信息,这项技术也会有侵犯个人隐私的忧患。

在国外,RFID 技术已被广泛应用于诸如工业自动化、商业自动化等众多领域。应用范围包括以下几个方面。

(1) 用于商品生产流通销售环节

① 防伪

通过扫描,详尽的物流记录就生成了。

② 生产流水线管理

电子标签在生产流水线上可以方便准确地记录工序信息和工艺操作信息,满足柔性化生产需求。对工人工号、时间、操作、质检结果的记录,可以完全实现生产的可追溯性。还可避免生产环境中手写、眼看信息造成的失误。

③ 仓储管理

将 RFID 系统用于智能仓库货物管理,有效地解决了仓储货物信息管理。对于大型仓储基地来说,管理中心可以实时了解货物位置、货物存储的情况,对于提高仓储效率、反馈产品信息、指导生产都有很重要的意义。它不但增加了一天内处理货物的件数,还可以监看货物的一切信息。其中应用的形式多种多样,可以将标签贴在货物上,由叉车上的读写器和仓库相应位置上的读写器读写,也可以将条码和电子标签配合使用。

④ 销售渠道管理

建立严格而有序的渠道,高效地管理好进销存是许多企业的强烈需要。产品在生产过程中嵌入电子标签,其中包含唯一的产品号,厂家可以用识别器监控产品的流向,批发商、零售商可以用厂家提供的读写器来识别产品的合法性。

⑤ 贵重物品管理

RFID 技术可用于照相机、摄像机、便携计算机、CD 随身听、珠宝等贵重物品的防盗、结算、售后保证。其防盗功能属于电子物品监视系统(EAS)的一种。标签可以附着或内置于物品包装内。专门的货架扫描器会对货品实时扫描,得到实时存货记录。如果货品从货架上拿走,系统将验证此行为是否合法,如为非法取走货品,系统将报警。

买单出库时,不同类别的全部物品可通过扫描器一次性完成扫描,在收银台生成销售单的同时解除防盗功能。这样,顾客带着所购物品离开时,警报就不会响了。在顾客付账时,收银台会将售出日期写入标签,这样顾客所购的物品也得到了相应的保证和承诺。

(2)用于病患监测的双接口无源 RFID 系统设计

病患监测设备通常用于测量病患的生命迹象,如血压、心率等参数,管理这些重要数据的要求远远超出了简单的库存控制范围,需要设备能够提供设备检查、校准和自检结果,与静态的标签贴纸不同,动态的双接口 RFID EEPROM 电子标签解决方案则能够记录测量参数,以备日后读取,还能把新数据输入系统。

(3)基于 RFID 的物联网智能公交系统应用方案

基于物联网技术的公交停车场站安全监管系统,主要由车辆出入口管理系统、场站智能视频监控系统两部分组成,利用先进的"物物相联技术",将用户端延伸和扩展到公交车辆、停车场中的相关物品间进行数据交换和通信,全面立体地解决公交行业的监管问题。

(4)图书管理、租赁产品管理

在图书中贴入电子标签,可方便地接收图书信息,整理图书时不用移动图书,可提高工作效率,避免工作误差。

(5)电子不停车收费系统(远距离)

读写器通过天线对外发射无线载波信号,当装有电子标签的汽车经过收费站(进入读写器发射天线的工作区域)时,电子标签被激活,并将自身的信息代码经天线发射出去。系统的接收天线收到电子标签发出的载波信号,经天线调节器传给读写器,读写器对接收到的信号进行解调解码,自动识别车辆,并刷新电子标签内的备付金金额。收费站通过计算机网络迅速将车牌号、车型、备付金账号等信息传给相关银行和收费结算中心。银行根据收费标准扣减该车对应的备付金,并相应地将该部分款项划拨到收费结算中心的账户上。结算中心再根据车辆行驶路段将所收款项分给不同的路桥收费公司。

# 2.4 EPC 和 EPC 系统

## 2.4.1 EPC 概念

1999 年美国麻省理工学院的教授提出了 EPC(Electronic Product Code,产品电子代码)开放网络(物联网)构想,国际条码组织推出了产品电子代码(EPC 编码)。EPC 的载体是 RFID 电子标签,读取 EPC 标签时,它可以与一些动态数据连接,并借助互联网来实现信息的传递。EPC 旨在为供应链中的对象(包括物品、货箱、货盘、位置等)进行全球唯一的标识。实现全球范围内对单件产品的跟踪与追溯,从而有效提高供应链管理水平,降低物流成本。EPC 系统是一个完整的、复杂的、综合的系统。

## 2.4.2 EPC 系统的工作流程

### 1. EPC 系统组成

EPC 系统包括 6 个方面:EPC 编码、标签、读写器、中间件、对象名解析服务器 ONS 和信息发布服务 EPCIS,如图 2-16 所示。

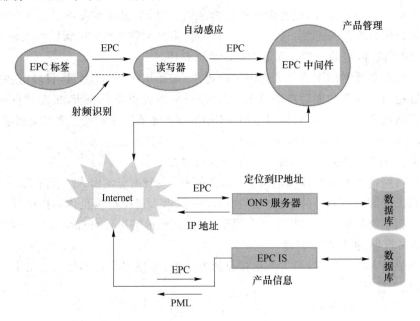

图 2-16 EPC 系统

以 EPC 码为例,物联网 RFID 的工作原理如下。

在物联网中,每一个物品都被赋予一个 EPC 码,EPC 码用来对物品进行唯一标识。

EPC 码存储在物品的电子标签中,读写器对电子标签进行读写,电子标签和读写器构成一个 RFID 系统。

读写器对电子标签扫描后,将 EPC 码发送给中间件。

中间件通过互联网向 IOT-NS 发出查询指令,IOT-NS 根据规则查出储存信息的 IP 地址,同时根据 IP 地址引导中间件访问 IOT-IS。

IOT-IS 中存储着该物品的详细信息,在收到查询要求后,将该物品的详细信息以网页形式发送回中间件以供查询。

**2．EPC 编码**

原来的产品条码仅是对产品分类的编码,EPC 码是对每个单品都赋予一个全球唯一编码,EPC 编码是 96 位(二进制)方式的编码体系。96 位的 EPC 码,可以为 2.68 亿公司赋码,每个公司可以有 1 600 万产品分类,每类产品有 680 亿的独立产品编码,形象地说可以为地球上的每一粒大米赋一个唯一的编码。

EPC 代码是由标头、厂商识别代码、对象分类代码、序列号等数据字段组成的一组数字,具有以下特性。

- 科学性:结构明确,易于使用、维护。
- 兼容性:EPC 编码标准与目前广泛应用的 EAN.UCC 编码标准是兼容的,目前广泛使用的 GTIN、SSCC、GLN 等都可以顺利转换到 EPC 中去。
- 全面性:可在生产、流通、存储、结算、跟踪、召回等供应链的各环节全面应用。
- 合理性:由 EPC global、各国 EPC 管理机构(中国的管理机构称为 EPC global China)、被标识物品的管理者分段管理,共同维护,统一应用,具有合理性。
- 国际性:不以具体国家、企业为核心,编码标准全球协商一致,具有国际性。
- 无歧视性:编码采用全数字形式,不受地方色彩、语言、经济水平、政治观点的限制,是无歧视性的编码。

EPC 编码关注的问题:①生产厂商和产品;②内嵌信息;③分类;④批量产品编码;⑤载体。

**3．对象命名服务**

EPC 信息发现服务包括对象命名服务(Object Naming Service,ONS)以及配套服务。其作用就是通过电子产品码,获取 EPC 数据访问通道信息。目前,根 ONS 系统和配套的发现服务系统由 EPC global 委托 Verisign 公司进行运维。

作为 EPC 信息发现服务中的最重要组成部分,对象命名服务存储提供 EPC 信息服务的地址信息,主键是电子产品码;另外,其记录存储是授权的,只有电子产品码的拥有者可以对其进行更新、添加、删除等操作。

单个企业维护的本地 ONS 服务器包括两部分功能,一是实现与产品对应的 EPC 信息服务地址信息的存储,二是提供与外界交换信息的服务,并通过根 ONS 服务器进行级联,组成 ONS 网络体系。这一网络体系主要完成以下两种功能:企业内部的本地 ONS 服务器实现其地址映射信息的存储,并向根 ONS 服务器报告该信息并获取网络查询结果;在这个物联网内,基于电子产品码实现 EPC 信息查询定位功能。

当前 ONS 服务提供以下两类服务:静态 ONS 服务,通过电子产品码查询供应商提供的该类商品的静态信息;动态 ONS 服务,通过电子产品码查询该类商品的更确切信息,如在供应链中经过的各个环节上的信息。

**4．中间件**

EPC 中间件具有一系列特定属性的"程序模块"或"服务",并被用户集成以满足他们的特定需求。EPC 中间件是加工和处理来自读写器的所有信息和事件流的软件,是连接读写

器和企业应用程序的纽带,主要任务是在将数据送往企业应用程序之前进行标签数据校对、读写器协调、数据传送、数据存储和任务管理。

### 5. EPC 信息服务

EPC 信息服务(EPC IS)提供了一个模块化、可扩展的数据和服务的接口,使得 EPC 的相关数据可以在企业内部或者企业之间共享。它处理与 EPC 相关的各种信息。

- EPC 的观测值:What/When/Where/Why,就是观测对象、时间、地点以及原因,它是 EPC IS 步骤与商业流程步骤之间的一个关联,如订单号、制造商编号等商业交易信息。
- 包装状态:如物品是在托盘上的包装箱内。
- 信息源:如位于 Z 仓库的 Y 通道的 X 识读器。

EPC IS 有两种运行模式,一种是 EPC IS 信息被已经激活的 EPC IS 应用程序直接应用;另一种是将 EPC IS 信息存储在资料档案库中,以备今后查询时进行检索。独立的 EPC IS 事件通常代表独立步骤,如 EPC 标记对象 A 装入标记对象 B,并与一个交易码结合。对于 EPC IS 资料档案库的 EPC IS 查询,不仅可以返回独立事件,而且还有连续事件的累积效应,如对象 C 包含对象 B,对象 B 本身包含对象 A。

# 课 后 习 题

### 一、名词解释

自动识别　RFID　射频识别技术　电子标签　IC 卡　EPC

### 二、单项选择题

1. 迄今为止最经济实用的一种自动识别技术是(　　　)。

A. 条形码识别技术　　　　　　　　　B. 语音识别技术

C. 生物识别技术　　　　　　　　　　D. IC 卡识别技术

2. 以下哪一项用于存储被识别物体的标识信息?(　　　)

A. 天线　　　　B. 电子标签　　　　C. 读写器　　　　D. 计算机

3. 物联网技术是基于射频识别技术发展起来的新兴产业,射频识别技术主要是基于什么方式进行信息传输的呢?(　　　)

A. 声波　　　　B. 电场和磁场　　　　C. 双绞线　　　　D. 同轴电缆

4. 以下哪些特征是人一出生就已确定下来并且终身不变的?(　　　)

A. 指纹　　　　B. 视网膜　　　　C. 虹膜　　　　D. 手掌纹线

5. RFID 技术中的标签按使用的工作频率分为低频、中高频、超高频与微波等类型。我国居民的第二代身份证采用的是(　　　)RFID 技术。

A. 低频　　　　B. 高频　　　　C. 超高频　　　　D. 微波

6. RFID 技术实质是一个基于(　　　)发展出来的一种自动识别技术,是一种可以将物品编码采用无线标签方式进行记录和供读取的小型发射设备,是目前比较先进的一种非接触式识别技术。

A. 无线电技术　　　B. 超声波技术　　　C. 雷达技术　　　D. 激光技术

7. 射频识别技术是一种信息感知技术,它按约定的协议把物理世界的实体转化为一种信息,通过这个转化过程,使得物体通过信息而与互联网相连,从而物联网才得以构建。所以,RFID是一种使物体(　　)的技术。

 A."联网"    B."说话"    C."改进"    D."创新"

 8. 射频识别技术由电子标签(射频标签)和阅读器组成。电子标签附着在需要标识的物品上,阅读器通过获取(　　)信息来识别目标物品。

 A. 物品    B. 条形码    C. IC卡    D. 标签

 9. 作为射频识别系统最主要的两个部件——阅读器和应答器,二者之间的通信方式不包括以下哪个选项?(　　)

 A. 串行数据通信   B. 半双工系统   C. 全双工系统   D. 时序系统

 10. 射频识别系统阅读器的主要任务是(　　)。

 A. 控制射频模块向标签发射读取信号,并接收标签的应答,对其数据进行处理

 B. 存储信息

 C. 对数据进行运算

 D. 识别相应的信号

 11. 物联网概念中谈到最多的是RFID的应用,其中一项最为常见的应用就是无源射频识别标签,那么,无源射频识别标签是集中在哪个频段呢?

 A. 13.56 MHz和900 MHz频段     B. 926 MHz和2 110 MHz

 C. 900 MHz和2.4 GHz       D. 868 MHz和2.4 GHz

 12. (　　)标签的工作频率是30～300 kHz。

 A. 低频电子标签       B. 高频电子标签

 C. 特高频电子标签      D. 微波标签

 13. (　　)标签的工作频率是3～30 MHz。

 A. 低频电子标签       B. 高频电子标签

 C. 特高频电子标签      D. 微波标签

 14. (　　)标签的工作频率是300 MHz～3 GHz。

 A. 低频电子标签       B. 高频电子标签

 C. 特高频电子标签      D. 微波标签

 15. (　　)标签的工作频率是2.45 GHz。

 A. 低频电子标签       B. 高频电子标签

 C. 特高频电子标签      D. 微波标签

 16. 二维码目前不能表示的数据类型为(　　)。

 A. 文字    B. 数字    C. 二进制    D. 视频

 17. (　　)抗损性强、可折叠、可局部穿孔、可局部切割。

 A. 二维条码   B. 磁卡    C. IC卡     D. 光卡

 18. (　　)对接收的信号进行解调和译码然后送到后台软件系统处理。

 A. 射频卡    B. 读写器    C. 天线     D. 中间件

 19. 低频RFID卡的作用距离为(　　)。

 A. 小于10 cm   B. 1～20 cm   C. 3～8 m    D. 大于10 m

 20. 高频RFID卡的作用距离为(　　)。

A. 小于 10 cm      B. 1～20 cm      C. 3～8 m      D. 大于 10 m

21. 超高频 RFID 卡的作用距离为(　　)。

A. 小于 10 cm      B. 1～20 cm      C. 3～8 m      D. 大于 10 m

22. 微波 RFID 卡的作用距离为(　　)。

A. 小于 10 cm      B. 1～20 cm      C. 3～8 m      D. 大于 10 m

23. RFID 卡的读取方式是(　　)。

A. CCD 或光束扫描          B. 电磁转换

C. 无线通信          D. 电擦除、写入

24. RFID 卡(　　)可分为有源标签和无源标签。

A. 按供电方式          B. 按工作频率

C. 按通信方式          D. 按标签芯片

25. RFID 卡(　　)可分为低频标签、高频标签、超高频标签以及微波标签。

A. 按供电方式          B. 按工作频率

C. 按通信方式          D. 按标签芯片

26. RFID 卡按(　　)可分为主动式标签和被动式标签。

A. 按供电方式          B. 按工作频率

C. 按通信方式          D. 按标签芯片

27. RFID 卡(　　)可分为只读(R/O)标签、读写(R/W)标签和 CPU 标签。

A. 按供电方式          B. 按工作频率

C. 按通信方式          D. 按标签芯片

28. RFID 硬件部分不包括(　　)。

A. 读写器      B. 天线      C. 二维码      D. 电子标签

### 三、多项选择题

1. RFID 的工作模式有(　　)。

A. 低压电模式          B. 电磁耦合方式

C. 电感耦合方式          D. 高压电模式

2. RFID 的技术特点有(　　)。

A. 非接触式,中远距离工作          B. 大批量,由读写器快速自动读取

C. 信息量大,可以细分单品          D. 芯片存储,可多次读取

3. RFID 标签的分类按供电方式分有(　　)。

A. 高频标签          B. 低频标签

C. 有源标签          D. 无源标签

4. RFID 标签的分类按工作频率分有(　　)。

A. 低频标签          B. 高频标签

C. 超高频标签          D. 微波标签

5. RFID 标签的分类按通信方式分有(　　)。

A. 主动式标签          B. 被动式标签

C. 有源标签          D. 无源标签

6. RFID 标签的分类按标签芯片分有(　　)。

A. 只读标签　　　　　　　　　　　　B. CPU 标签

C. 被动式标签　　　　　　　　　　　D. 读写标签

**四、判断题**

1. RFID 技术是基于雷达技术发展而成的一种先进的非接触式识别技术。（　　　）

2. RFID 标签中的信息是由所附着的物体自身生成的。（　　　）

3. RFID 的阅读器只能用来对 RFID 标签中信息的读取。（　　　）

4. 医院中采用 RFID 技术后,患者就诊时只要携带 RFID 卡,就可避免患者反复自述、医生重复录入,减少信息的不准确和认为操作失误。（　　　）

5. 生物识别系统对生物的特征进行取样,提取其主要的特征并将之转化为数字代码。（　　　）

6. 视网膜在人一出生就已确定下来并且是终生不变的。（　　　）

7. 传感器技术和射频技术共同构成了物联网的核心技术。（　　　）

8. 质量问题是射频识别技术面临的挑战。（　　　）

9. 射频识别仓库管理系统中,物资信息必须要工作人员手动识别、采集、记录。（　　　）

10. RFID 是一种接触式的自动识别技术,它通过射频信号自动识别目标 T 象并获取相关数据。（　　　）

11. RFID 系统包括标签、阅读器、天线。（　　　）

12. 射频技术是半接触式的自动识别技术,通过射频信号自动识别目标 T 象并获取相关数据。（　　　）

13. 射频识别技术是食品安全追溯系统的关键技术,能够有效地实施跟踪与追溯,提高农产品安全和监控的水平。（　　　）

14. RFID 是一种接触式的自动识别技术,它通过射频信号自动识别目标对象并获取相关数据。（　　　）

15. 二维码是用某种特定的几何图形按一定规律在平面（二维方向上）分布的黑白相间的图形记录数据符号信息,通过图像输入设备或光电扫描设备自动识读以实现信息自动处理。（　　　）

**五、问答题**

1. 什么是二维码? 它的特点是什么?

2. 简述 RFID 的组成及工作原理。

3. RFID 的工作频段有哪些? 各自有什么特点?

4. RFID 标签分为几类,各有什么特点?

5. RFID 产品的基本衡量参数有哪些?

6. 简述天线的工作原理。

7. 如何解决 RFID 的数据安全问题?

8. 请简要地叙述 EPC 系统的组成,以及各个部分的英文简写。

# 第3章 传感器技术

**前　言**

物联网依靠传感器自动获取信息,传感器是物联网感知层中的重要组成,是感知、获取与检测信息的窗口。传感器有很多分类和参数,本章讨论了传感器原理、分类、发展、核心技术、主要特点和应用领域。

**教学目标**

| 知识要点 | 能力要求 |
|---|---|
| 传感器的概述 | 掌握传感器的定义和组成部件 |
| 传感器的主要参数 | ① 了解传感器的静态、动态特性<br>② 理解特性参数意义 |
| 分类方法 | 掌握传感器的分类 |
| 常用传感器 | ① 理解电阻、电容、电感、光电传感器的基本原理<br>② 了解常用的传感器的分类和特点 |
| MEMS 传感器 | ① 掌握 MEMS 传感器的定义和特点<br>② 了解基于 MEMS 的应用 |
| 知名传感器厂家 | 了解美、德、日、中的知名传感器厂家 |
| 传感器使用开发举例 | 了解传感器的选择方法 |

**推荐资料**

[1]　王平. 物联网概论. 北京:北京大学出版社,2014.

[2]　百度传感器图册,http://baike. baidu. com/pic/%E4%BC%A0%E6%84%9F%E5%99%A8/26757.

# 3.1 传感器的概述

传感器在信息空间和自然界之间搭建了一个沟通的桥梁。物联网依靠传感器自动获取信息，嵌入式和 MEMS 传感器更是物联网的核心技术所在，未来将有多达万亿的传感器出现在我们的生活中。

**1. 传感器的定义**

传感器（Transducer/Sensor）是一种检测装置，能感受到被测量的信息，并能将感受到的信息按一定规律变换成为电信号或其他所需形式的信息输出，以满足信息的传输、处理、存储、显示、记录和控制等要求。它是实现自动检测和自动控制的首要环节，也是物联网获取物理世界信息的基本手段。

国家标准 GB7665—87 对传感器的定义是："能感受规定的被测量件并按照一定的规律（数学函数法则）转换成可用信号的器件或装置，通常由敏感元件和转换元件组成。"

能测量的信息包括物理参数、唯一、速度、加速度、力、力矩、功率、流量、硬度、密度、几何参数、介质、位置、表面粗糙度识别等。

**2. 传感器的组成**

传感器的组成如图 3-1 所示，敏感元件直接感受被测量，并输出与被测量有确定关系的物理量信号；转换元件将敏感元件输出的物理量信号转换为电信号；变换电路负责对转换元件输出的电信号进行放大调制；转换元件和变换电路一般还需要辅助电源供电。

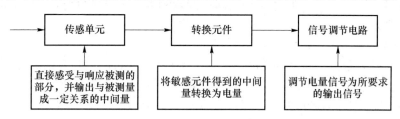

图 3-1 传感器的组成

**3. 传感器的特点**

最早的传感器是德国的霍尔制作的磁场传感器。后来出现了热、光、气、声等各类传感器。无线传感器是从 1990 年开始研究的。现代科技的进步促使微电子机械系统（MEMS）技术和超大规模集成电路（VLSI）出现。现代的传感器特点包括微型化、数字化、智能化、多功能化、系统化、网络化，它不仅促进了传统产业的改造和更新换代，而且还可能建立新型工业，从而成为 21 世纪新的经济增长点。

# 3.2 传感器的特性

物联网中要求传感器能够感测被测量的变化并且不失真地将其转换为相应电量，这种要求取决于传感器的特性。传感器的基本特性分为静态特性和动态特性。

**1. 传感器静态**

传感器的静态特性是指对静态的输入信号，传感器的输出量与输入量之间具有相互关

系。因为这时输入量和输出量都和时间无关,所以它们之间的关系,即传感器的静态特性可用一个不含时间变量的代数方程,或以输入量作横坐标,把与其对应的输出量作纵坐标而画出的特性曲线来描述。传感器静态特性的主要参数有线性度、灵敏度、迟滞、重复性、漂移等。

(1) 线性度

线性度指传感器输出量与输入量之间的实际关系曲线偏离拟合直线的程度。定义为在全量程范围内实际特性曲线与拟合直线之间的最大偏差值与满量程输出值之比。通常情况下,传感器的实际静态特性输出是条曲线而非直线。在实际工作中,为使仪表具有均匀刻度的读数,常用一条拟合直线近似地代表实际的特性曲线,线性度(非线性误差)就是这个近似程度的一个性能指标。

拟合直线的选取有多种方法,如将零输入和满量程输出点相连的理论直线作为拟合直线;或将与特性曲线上各点偏差的平方和为最小的理论直线作为拟合直线,此拟合直线称为最小二乘法拟合直线。

(2) 灵敏度

灵敏度是传感器静态特性的一个重要指标。灵敏度是指传感器在稳态工作情况下输出量变化 $\Delta y$ 对输入量变化 $\Delta x$ 的比值。它是输出-输入特性曲线的斜率。如果传感器的输出和输入之间显线性关系,则灵敏度 $S$ 是一个常数,否则它将随输入量的变化而变化。

灵敏度是输出、输入量之比。例如,某位移传感器在位移变化 1 mm 时,输出电压变化为 200 mV,则其灵敏度应表示为 200 mV/mm。当传感器的输出、输入量相同时,灵敏度可理解为放大倍数。提高灵敏度,可得到较高的测量精度。但灵敏度愈高,测量范围愈窄,稳定性也往往愈差。

(3) 迟滞

传感器在输入量由小到大(正行程)及输入量由大到小(反行程)变化期间其输入输出特性曲线不重合的现象称为迟滞。对于同一大小的输入信号,传感器的正反行程输出信号大小不相等,这个差值称为迟滞差值。

(4) 重复性

重复性是指传感器在输入量按同一方向作全量程连续多次变化时,所得特性曲线不一致的程度。

(5) 漂移

传感器的漂移是指在输入量不变的情况下,传感器输出量随着时间变化,此现象称为漂移。产生漂移的原因有两个方面:一是传感器自身结构参数;二是周围环境(如温度、湿度等)。

(6) 分辨力

当传感器的输入从非零值缓慢增加时,在超过某一增量后输出发生可观测的变化,这个输入增量称传感器的分辨力,即最小输入增量。通常传感器在满量程范围内各点的分辨率并不相同,因此常用满量程中能使输出量产生阶跃变化的输入量中的最大变化值作为衡量分辨率的指标。上述指标若用满量程的百分比表示,则称为分辨率。分辨率与传感器的稳定性有负相关性。

(7) 阈值

当传感器的输入从零值开始缓慢增加时,在达到某一值后输出发生可观测的变化,这个输入值称为传感器的阈值电压。

**2. 传感器动态**

所谓动态特性,是指传感器在输入变化时,它的输出特性。在实际工作中,传感器的动态特性常用它对某些标准输入信号的响应来表示。这是因为传感器对标准输入信号的响应容易用实验方法求得,并且它对标准输入信号的响应与它对任意输入信号的响应之间存在一定的关系,往往知道了前者就能推定后者。最常用的标准输入信号有阶跃信号和正弦信号两种,所以传感器的动态特性也常用阶跃响应和频率响应来表示。

① 阶跃响应:也叫响应速度,是传感器在阶跃信号作用下的输出特性,包括上升时间、峰值时间和响应时间等。它反映了传感器的稳定输出信号随输入信号变化的快慢。

② 频率响应:指传感器的输出特性曲线与输入信号频率之间的关系,包括幅频特性和相频特性。在实际应用中,应根据输入信号的频率范围来确定合适的传感器。

# 3.3 传感器的分类

常将传感器的功能与人类五大感觉器官相比拟:光敏传感器——视觉,声敏传感器——听觉,气敏传感器——嗅觉,化学传感器——味觉,压敏、温敏、流体传感器——触觉。

## 3.3.1 分类方式

目前对传感器尚无一个统一的分类方法,但比较常用的有以下几种。

(1) 按用途分类:压力敏和力敏传感器、位置传感器、液位传感器、能耗传感器、速度传感器、加速度传感器、射线辐射传感器、热敏传感器。

(2) 按敏感元件的原理分类:物理类,基于力、热、光、电、磁和声等物理效应;化学类,基于化学反应的原理;生物类,基于酶、抗体和激素等分子识别功能。

(3) 按其制造工艺分类:集成传感器是用标准的生产硅基半导体集成电路的工艺技术制造的。通常还将用于初步处理被测信号的部分电路也集成在同一芯片上。

薄膜传感器则是通过沉积在介质衬底(基板)上的,相应敏感材料的薄膜形成的。使用混合工艺时,同样可将部分电路制造在此基板上。

厚膜传感器是利用相应材料的浆料,涂覆在陶瓷基片上制成的,基片通常是 $Al_2O_3$ 制成的,然后进行热处理,使厚膜成形。

陶瓷传感器采用标准的陶瓷工艺或其某种变种工艺(溶胶、凝胶等)生产。

(4) 按测量目分类:物理型传感器是利用被测量物质的某些物理性质发生明显变化的特性制成的;化学型传感器是利用能把化学物质的成分、浓度等化学量转成电学量的敏感元件制成的;生物型传感器是利用各种生物或生物物质的特性做成的,用以检测与识别生物体内化学成分的传感器。

## 3.3.2 电阻式传感器

电阻式传感器是将被测非电量(位移、力、温湿度、形变、压力、加速度、扭矩等非电物理量)转换成电阻值变化的器件或装置。由于构成电阻的材料种类很多,如导体、半导体、电解质等,引起电阻变化的物理原因也很多,如材料的应变或应力变化、温度变化等,这就产生了

各种各样的电阻式传感器。主要有电阻应变式、压阻式、热电阻、热敏、气敏、湿敏等电阻式传感器件。

它主要包括电阻应变式传感器、电位器式传感器(见位移传感器)和锰铜压阻传感器等。电阻式传感器与相应的测量电路组成的测力、测压、称重、测位移、加速度、扭矩等测量仪表是冶金、电力、交通、石化、商业、生物医学和国防等部门进行自动称重、过程检测和实现生产过程自动化不可缺少的工具之一。

① 应变片式传感器的工作原理是基于电阻应变效应,即在导体产生机械变形时,它的电阻值相应发生变化。电阻应变式传感器主要由弹性体、应变计、惠斯通电路、补偿电路、电缆线、胶粘剂和密封材料等几部分组成。具有测量精度高、范围广、分辨力高、频率响应特性好、尺寸小、环境适应性强、便于实现多点测量及远距离传送等优点。缺点是在大应变状态下具有较大的非线性;应变片的输出信号较微弱,故其抗干扰能力较差;虽然应变片尺寸较小,但测出的仍是应变片敏感栅范围内的平均应变,不能完全显示应力场中应力梯度的变化;应变片的温度系数较大。

由于固态压阻式传感器具有频率响应高、体积小、精度高、灵敏度高等优点,在航空、航海、石油、化工、动力机械、兵器工业以及医学等方面得到了广泛的应用。

② 电位器式传感器是一种把机械的线位移或角位移输入量转换为和它成一定函数关系的电阻或电压输出的传感元件。

③ 气敏和湿敏电阻传感器是一种把气体中的特定成分或水蒸气检测出来造成半导体阻值变化的电阻传感器。

电阻式传感器具有结构简单、输出精度较高、线性和稳定性好等特点。但是它受环境条件如温度等影响较大,有分辨率不高等不足之处。

### 3.3.3 电容式传感器

把被测的机械量,如位移、压力等转换为电容量变化的传感器。它的敏感部分就是具有可变参数的电容器。其最常用的形式是由两个平行电极组成、极间以空气为介质的电容器。若忽略边缘效应,平板电容器的电容为 $\varepsilon S/d$,式中 $\varepsilon$ 为极间介质的介电常数,$S$ 为两极板互相覆盖的有效面积,$d$ 为两电极之间的距离。$d$、$s$、$\varepsilon$ 3 个参数中任一个的变化都将引起电容量变化,并可用于测量。因此电容式传感器可分为极距变化型($d$)、面积变化型($A$)、介质变化型($\varepsilon$)3 类。极距变化型一般用来测量微小的线位移或由于力、压力、振动等引起的极距变化。面积变化型一般用于测量角位移或较大的线位移。介质变化型常用于物位测量和各种介质的温度、密度、湿度的测定。

电容式传感器与电阻式、电感式等传感器相比有如下一些优点。

① 高阻抗、小功率,因而所需的输入力很小,输入能量也很低。电容式传感器因带电极板间静电引力极小,因此所需输入能量极小,所以特别适宜用来解决输入能量低的测量问题。

② 温度稳定性好。传感器的电容值一般与电极材料无关,有利于选择温度系数低的材料,又因本身发热极小,对稳定性影响甚微。

③ 结构简单,适应性强,待测体是导体或半导体均可,可在恶劣环境中工作。电容式传感器结构简单,易于制造,可做得非常小巧,以实现某些特殊的测量;能工作在高低温、强辐

射及强磁场等恶劣的环境中,也能对带有磁性的工件进行测量。

④ 动态响应好。由于极板间的静电引力很小,可动部分做得很小很薄,因此其固有频率很高,动态响应时间短,能在几兆赫的频率下工作,特别适合动态测量,如测量振动、瞬时压力等。

⑤ 可以实现非接触测量,具有平均效应,如非接触测量回转轴的振动或偏心、小型滚珠轴承的径向间隙等。当采用非接触测量时,电容式传感器具有平均效应,可以减小工作表面粗糙等对测量的影响。

电容式传感器存在的不足之处如下:

① 输出阻抗高,负载能力差;

② 寄生电容影响大。

### 3.3.4　电感式传感器

电感式传感器是利用电磁感应把被测的物理量如位移、压力、流量、振动等转换成线圈的自感系数和互感系数的变化,再由电路转换为电压或电流的变化量输出,实现非电量到电量的转换。电感式传感器种类很多,常见的有自感式、互感式和涡流式 3 种。

电感式传感器具有结构简单、动态响应快、易实现非接触测量等突出的优点,特别适合用于酸类、碱类、氯化物、有机溶剂、液态 $CO_2$、氨水、PVC 粉料、灰料、油水界面等液位的测量,目前在冶金、石油、化工、煤炭、水泥、粮食等行业中应用广泛。

电感式传感器具有以下特点:

① 结构简单,传感器无活动电触点,因此工作可靠寿命长;

② 灵敏度和分辨力高,能测出 $0.01\ \mu m$ 的位移变化。传感器的输出信号强,电压灵敏度一般每毫米的位移可达数百毫伏的输出;

③ 线性度和重复性都比较好,在一定位移范围(几十微米至数毫米)内,传感器非线性误差可达 $0.05\% \sim 0.1\%$。同时,这种传感器能实现信息的远距离传输、记录、显示和控制,它在工业自动控制系统中广泛被采用。但不足的是,它有频率响应较低、不宜快速动态测控等缺点。

### 3.3.5　光电式传感器

光电传感器是采用光电元件作为检测元件的传感器。它首先把被测量的变化转换成光信号的变化,然后借助光电元件进一步将光信号转换成电信号。光电传感器一般由光源、光学通路和光电元件三部分组成。

光电检测方法具有精度高、反应快、非接触等优点,而且可测参数多,传感器的结构简单,形式灵活多样,因此,光电式传感器在检测和控制中应用非常广泛。

光电传感器是各种光电检测系统中实现光电转换的关键元件,它是把光信号(红外、可见及紫外光辐射)转变成为电信号的器件。光电式传感器是以光电器件作为转换元件的传感器。它可用于检测直接引起光量变化的非电量,如光强、光照度、辐射测温、气体成分分析等;也可用来检测能转换成光量变化的其他非电量,如零件直径、表面粗糙度、应变、位移、振动、速度、加速度,以及物体的形状、工作状态的识别等。

# 3.4　常见的传感器

### 3.4.1　常见的传感器

常见的传感器如图 3-2 所示。

（a）激光传感器

（b）霍尔传感器

（c）管温传感器

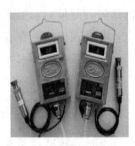

（d）智能传感器

（e）生物传感器

（f）视觉传感器

（g）位移传感器

图 3-2　常见的传感器

**1. 激光传感器**

利用激光技术进行测量的传感器。它由激光器、激光检测器和测量电路组成。激光传感器是新型测量仪表，它的优点是能实现无接触远距离测量，速度快，精度高，量程大，抗光、电干扰能力强等。

激光传感器工作时，先由激光发射二极管对准目标发射激光脉冲。经目标反射后激光向各方向散射。部分散射光返回到传感器接收器，被光学系统接收后成像到雪崩光电二极管上。雪崩光电二极管是一种内部具有放大功能的光学传感器，因此它能检测极其微弱的光信号，并将其转化为相应的电信号。

利用激光的高方向性、高单色性和高亮度等特点可实现无接触远距离测量。激光传感器常用于长度（ZLS-Px）、距离（LDM4x）、振动（ZLDS10X）、速度（LDM30x）、方位等物理量的测量，还可用于探伤和大气污染物的监测等。

**2. 霍尔传感器**

霍尔传感器是根据霍尔效应制作的一种磁场传感器，广泛地应用于工业自动化技术、检测技术及信息处理等方面。通过霍尔效应实验测定的霍尔系数，能够判断半导体材料的导电类型、载流子浓度及载流子迁移率等重要参数。

霍尔传感器分为线性型霍尔传感器和开关型霍尔传感器两种。前者由霍尔元件、线性放大器和射极跟随器组成,它输出模拟量。后者由稳压器、霍尔元件、差分放大器、斯密特触发器和输出级组成,它输出数字量。

霍尔电压随磁场强度的变化而变化,磁场越强,电压越高,磁场越弱,电压越低。霍尔电压值很小,通常只有几个毫伏,但经集成电路中的放大器放大,就能使该电压放大到足以输出较强的信号。若使霍尔集成电路起传感作用,需要用机械的方法来改变磁场强度。例如,可用一个转动的叶轮作为控制磁通量的开关,当叶轮叶片处于磁铁和霍尔集成电路之间的气隙中时,磁场偏离集成片,霍尔电压消失。这样,霍尔集成电路的输出电压的变化,就能表示出叶轮驱动轴的某一位置,利用这一工作原理,可将霍尔集成电路片用作点火正时传感器。霍尔效应传感器属于被动型传感器,它要有外加电源才能工作,这一特点使它能检测转速低的运转情况。

**3. 温度传感器**

温度传感器是物联网各种应用中必备的传感器,分为 4 种,如下所示。

(1) 室温、管温传感器

室温传感器用于测量室内和室外的环境温度,管温传感器用于测量蒸发器和冷凝器的管壁温度。室温传感器和管温传感器的形状不同,但温度特性基本一致。

(2) 排气温度传感器

排气温度传感器用于测量压缩机顶部的排气温度,常数 $B$ 值为 3950 K±3％,基准电阻为 90 ℃对应电阻 5×(1±0.03) kΩ。

(3) 模块温度传感器

模块温度传感器用于测量变频模块(IGBT 或 IPM)的温度。温度传感器的种类很多,经常使用的有热电阻、热电偶等。温度传感器不但种类繁多,而且组合形式多样,应根据不同的场所选用合适的产品。

(4) 无线温度传感器

无线温度传感器将控制对象的温度参数变成电信号,并对接收终端发送无线信号,对系统实行检测、调节和控制。可直接安装在一般工业热电阻、热电偶的接线盒内,与现场传感元件构成一体化结构。通常和无线中继、接收终端、通信串口、电子计算机等配套使用,这样不仅节省了补偿导线和电缆,而且减少了信号传递失真和干扰,从而获得了高精度的测量结果。无线温度传感器广泛应用于化工、冶金、石油、电力、水处理、制药、食品等自动化行业。例如,高压电缆上的温度采集;水下等恶劣环境的温度采集;运动物体上的温度采集;不易连线通过的空间传输传感器数据;单纯为降低布线成本选用的数据采集方案;没有交流电源的工作场合的数据测量;便携式非固定场所数据测量。

**4. 智能传感器**

智能传感器的功能是通过模拟人的感官和大脑的协调动作,结合长期以来测试技术的研究和实际经验而提出来的。是一个相对独立的智能单元,它的出现对原来硬件性能苛刻要求有所减轻,而靠软件帮助可以使传感器的性能大幅度提高。

(1) 信息存储和传输

随着全智能集散控制系统(Smart Distributed System)的飞速发展,对智能单元要求具备通信功能,用通信网络以数字形式进行双向通信,这也是智能传感器关键标志之一。智能

传感器通过测试数据传输或接收指令来实现各项功能,如增益的设置、补偿参数的设置、内检参数设置、测试数据输出等。

（2）自补偿和计算功能

智能传感器的自补偿和计算功能为传感器的温度漂移和非线性补偿开辟了新的道路。这样,放宽传感器加工精密度要求,只要能保证传感器的重复性好,利用微处理器对测试的信号通过软件计算,采用多次拟合和差值计算方法对漂移和非线性进行补偿,从而能获得较精确的测量结果压力传感器。

（3）自检、自校、自诊断功能

普通传感器需要定期检验和标定,以保证它在正常使用时足够的准确度。采用智能传感器情况则大有改观,首先自诊断功能在电源接通时进行自检,诊断测试以确定组件有无故障。其次根据使用时间可以在线进行校正,微处理器利用存在 EPROM 内的计量特性数据进行对比校对。

（4）复合敏感功能

观察周围的自然现象,常见的信号有声、光、电、热、力、化学等。敏感元件测量一般通过两种方式:直接和间接的测量。而智能传感器具有复合功能,能够同时测量多种物理量和化学量,给出能够较全面反映物质运动规律的信息。

**5. 光敏传感器**

光敏传感器是最常见的传感器之一,它的种类繁多,主要有光电管、光电倍增管、光敏电阻、光敏三极管、太阳能电池、红外线传感器、紫外线传感器、光纤式光电传感器、色彩传感器、CCD 和 CMOS 图像传感器等。它的敏感波长在可见光波长附近,包括红外线波长和紫外线波长。光传感器不只局限于对光的探测,它还可以作为探测元件组成其他传感器,对许多非电量进行检测,只要将这些非电量转换为光信号的变化即可。光传感器是目前产量最多、应用最广的传感器之一,它在自动控制和非电量电测技术引用中占有非常重要的地位。最简单的光敏传感器是光敏电阻,当光子冲击接合处就会产生电流。

**6. 生物传感器**

生物传感器是用生物活性材料(酶、蛋白质、DNA、抗体、抗原、生物膜等)与物理化学换能器有机结合的一门交叉学科,是发展生物技术必不可少的一种先进的检测方法与监控方法,也是物质分子水平的快速、微量分析方法。各种生物传感器有以下共同的结构:包括一种或数种相关生物活性材料(生物膜)及能把生物活性表达的信号转换为电信号的物理或化学换能器(传感器),二者组合在一起,用现代微电子和自动化仪表技术进行生物信号的再加工,构成各种可以使用的生物传感器分析装置、仪器和系统。

待测物质经扩散作用进入生物活性材料,经分子识别,发生生物学反应,产生的信息继而被相应的物理或化学换能器转变成可定量和可处理的电信号,再经二次仪表放大并输出,便可知道待测物浓度。

生物传感器按照其感受器中所采用的生命物质分类,可分为微生物传感器、免疫传感器、组织传感器、细胞传感器、酶传感器、DNA 传感器等。按照传感器器件检测原理分类,可分为热敏生物传感器、场效应管生物传感器、压电生物传感器、光学生物传感器、声波道生物传感器、酶电极生物传感器、介体生物传感器等。按照生物敏感物质相互作用的类型分类,可分为亲和型和代谢型两种。

#### 7．视觉传感器

视觉传感器是指具有从一整幅图像捕获光线的数发千计像素的能力，图像的清晰和细腻程度常用分辨率来衡量，以像素数量表示。视觉传感器具有从一整幅图像捕获光线的数以千计的像素。图像的清晰和细腻程度通常用分辨率来衡量，以像素数量表示。在捕获图像之后，视觉传感器将其与内存中存储的基准图像进行比较，以做出分析。例如，若视觉传感器被设定为辨别插有8颗螺栓的机器部件是正确的，则传感器知道应该拒收只有7颗螺栓的部件，或者螺栓未对准的部件。此外，无论该机器部件位于视场中的哪个位置，无论该部件是否在360°范围内旋转，视觉传感器都能做出判断。

视觉传感器的低成本和易用性已吸引机器设计师和工艺工程师将其集成入各类曾经依赖人工、多个光电传感器，或根本不检验的应用。视觉传感器的工业应用包括检验、计量、测量、定向、瑕疵检测和分拣。在汽车组装厂，检验由机器人涂抹到车门边框的胶珠是否连续，是否有正确的宽度；在瓶装厂，校验瓶盖是否正确密封、装罐液位是否正确，以及在封盖之前没有异物掉入瓶中；在包装生产线，确保在正确的位置粘贴正确的包装标签；在药品包装生产线，检验阿司匹林药片的泡罩式包装中是否有破损或缺失的药片；在金属冲压公司，以每分钟逾150片的速度检验冲压部件，比人工检验快13倍以上。

#### 8．位移传感器

位移传感器又称为线性传感器，把位移转换为电量的传感器。位移传感器是一种属于金属感应的线性器件，传感器的作用是把各种被测物理量转换为电量，它分为电感式位移传感器、电容式位移传感器、光电式位移传感器、超声波式位移传感器、霍尔式位移传感器。

在这种转换过程中有许多物理量（如压力、流量、加速度等）常常需要先变换为位移，然后再将位移变换成电量。因此位移传感器是一类重要的基本传感器。在生产过程中，位移的测量一般分为测量实物尺寸和机械位移两种，机械位移包括线位移和角位移。按被测变量变换的形式不同，位移传感器可分为模拟式和数字式两种。模拟式又可分为物性型（如自发电式）和结构型两种。常用位移传感器以模拟式结构型居多，包括电位器式位移传感器、电感式位移传感器、自整角机、电容式位移传感器、电涡流式位移传感器、霍尔式位移传感器等。数字式位移传感器的一个重要优点是便于将信号直接送入计算机系统。这种传感器发展迅速，应用日益广泛。

#### 9．压力传感器

压力传感器是工业实践中最为常用的一种传感器，其广泛应用于各种工业自控环境，涉及水利水电、铁路交通、智能建筑、生产自控、航空航天、军工、石化、油井、电力、船舶、机床、管道等众多行业。

#### 10．超声波测距离传感器

超声波测距离传感器采用超声波回波测距原理，运用精确的时差测量技术，检测传感器与目标物之间的距离，采用小角度、小盲区超声波传感器，具有测量准确、无接触、防水、防腐蚀、低成本等优点，可应用于液位、物位、料位的检测，可保证在液面有泡沫或大的晃动，不易检测到回波的情况下有稳定的输出，应用行业：液位、物位、料位检测，工业过程控制等。

#### 11．真空度传感器

真空度传感器采用先进的硅微机械加工技术生产，以集成硅压阻力敏元件作为传感器

的核心元件制成的绝对压力变送器,由于采用硅-硅直接键合或硅-派勒克斯玻璃静电键合形成的真空参考压力腔,以及一系列无应力封装技术及精密温度补偿技术,因而具有稳定性优良、精度高的突出优点,适用于各种情况下绝对压力的测量与控制。

采用低量程芯片真空绝压封装,产品具有高的过载能力。芯片采用真空充注硅油隔离,不锈钢薄膜过渡传递压力,具有优良的介质兼容性,适用于对 316L 不锈钢不腐蚀的绝大多数气液体介质真空压力的测量。真空度传感器应用于各种工业环境的低真空测量与控制。

**12. 酸、碱、盐传感器**

酸、碱、盐浓度传感器通过测量溶液电导值来确定浓度。它可以在线连续检测工业过程中酸、碱、盐在水溶液中的浓度含量。这种传感器主要应用于锅炉给水处理、化工溶液的配制以及环保等工业生产过程。

酸、碱、盐浓度传感器的工作原理是:在一定的范围内,酸碱溶液的浓度与其电导率的大小成比例。因而,只要测出溶液电导率的大小便可得知酸碱浓度的高低。当被测溶液流入专用电导池时,如果忽略电极极化和分布电容,则可以等效为一个纯电阻。在有恒压交变电流流过时,其输出电流与电导率呈线性关系,而电导率又与溶液中酸、碱浓度成比例关系。因此只要测出溶液电流,便可算出酸、碱、盐的浓度。

酸、碱、盐浓度传感器主要由电导池、电子模块、显示表头和壳体组成。电子模块电路则由激励电源、电导池、电导放大器、相敏整流器、解调器、温度补偿、过载保护和电流转换等单元组成。

### 3.4.2　手机里常用的传感器

**1. 重力感应器**

应用场景:①游戏与 3D 应用程序;②拍照应用;③惯性导航。

重力感应器最早的应用是在苹果手机上面,当时最主要的应用就是方便用户切换手机横屏与竖屏。手机与平板的重力感应器也被称为加速度感应器,这种感应器可以检测到手机加速度的大小与方向。这种感应器的原理就是利用压电效应来实现,当一个重力块因为重力原因改变方向,重力块下面的压电晶体接收到了电阻的变化,由此来判断重力的方向。这种传感器比较类似于我们熟知的水平仪,空气泡相当于重力块,气泡底部为压电晶体。只不过手机或平板上的压重模块和压电晶体非常小,但是大体上的原理是一样的。

**2. 陀螺仪**

应用场景:①游戏与 3D 应用程序;②拍照应用;③惯性导航。

陀螺仪又叫角速度传感器,不同于加速度计(G-sensor),它的测量物理量是偏转、倾斜时的转动角速度。在手机或平板上,仅用加速度计没办法测量或重构出完整的 3D 动作,是测不到转动的动作的。因此,加速度计只能检测轴向的线性动作。但陀螺仪则可以对转动、偏转的动作做很好的测量。这样,就可以精确分析判断出使用者的实际动作,从而根据动作,对手机或平板做相应的操作。

如果简单地理解,陀螺仪就是重力传感器的升级版,重力感应只可以识别左右,而陀螺仪则可以实现上下左右前后全方位识别。陀螺仪早期主要用于飞机航天等设备上,后期由于陀螺仪的微型化可以用于手机或平板这样小巧的设备上,对体验的提升有着非常重要的作用。陀螺仪是用于测试方向的,与自身转角方面的和实际物理空间的位置偏差没关系。

### 3. 位置传感器

应用场景：①地图定位；②丢失设备寻找；③查岗。

位置传感器最普通的理解就是GPS。

在目前的中高端手机中，位置传感器已经升级为A-GPS和格洛纳斯这类位置传感器。在A-GPS中除了利用GPS信号定位外，还可以利用移动网络来辅助定位和确定GPS卫星的位置，提高了定位速度和效率，在很短的时间内就可以快速地定位手机。而格洛纳斯则是定位卫星网络另外一个版本，就是说当手机无法接收到GPS信号时，可以利用格洛纳斯来定位手机的位置。当然目前高端手机两个标准都会支持，可以同时工作，除了能够快速定位外，对于定位稳定性上也有比较大的提升。

### 4. 近距离感应器

应用场景：①接听电话关闭屏幕；②手机翻转挂断/接听等。

近距离感应器主要作用是当用户在接电话时手机会自动关闭屏幕，除了能够节省不必要的电量浪费以外，还可以减少在接电话时的误操作。近距离感应器的原理就是近距离感应器发射一束红外光线，通过红外光线反射来测试物体之间的距离。不过，像手机中的距离感应器非常短，只有几厘米而已。

### 5. 温度传感器

应用场景：①硬件监控；②监测环境温湿度等。

温度传感器在早期的手机中就已经出现，它可以检测手机电池和处理器温度变化情况。目前的智能手机中拥有更多的温度传感器，用于检测手机的工作情况，控制手机发热程度等。随着Windows 8、Android 4.0增加了对于温湿度传感器的API支持，相关的第三方应用开发者将可以在此基础上开发大量的应用软件。

### 6. 光线感应器

应用场景：光线变化时屏幕亮度调节。

光线感应器也叫做亮度感应器（Light-Sensor），很多平板电脑和手机都配备了该感应器。一般位于设备屏幕上方，它能根据手持设备目前所处的光线亮度，自动调节手持设备屏幕亮度，给使用者带来最佳的视觉效果。例如，在黑暗的环境下，手持设备屏幕背光灯就会自动变暗，否则很刺眼。光电感应器是由两个组件（即投光器及受光器）所组成的，利用投光器将光线由透镜将其聚焦，经传输至受光器透镜到达接收感应器。最后，感应器将收到的光线信号转变成电器信号，此电信信号便可进一步作各种不同的开关及控制动作。

### 7. NFC近场传感器

应用场景：①快捷支付；②标记信息快速获取；③数据传输。

近场通信（Near Field Communication，NFC）又称近距离无线通信，是一种短距离的高频无线通信技术，允许电子设备之间进行非接触式点对点数据传输（在10 cm内）交换数据。这个技术由免接触式射频识别演变而来，并向下兼容RFID，最早由索尼和飞利浦各自开发成功，主要为手机、平板等手持设备提供M2M（Machine to Machine）的通信。由于拥有极佳的便携性，这类传感器广泛用于便捷支付，如我们使用的地铁或者公交卡等。另外，这种近场传感器也被赋予了更多的用途，如两个手机之间的快捷连接和快速信息标记。目前许多平板、手机设备中都设置了此类传感器，可以说算是当前数码设备中的一个热点功能。

**8. 气压传感器**

应用场景:①户外运动高度测量;②三防设备检测内部封闭程度等。

在目前的中高端移动设备中均配备了气压传感器。这种气压传感器也分为两部分,一部分为外部气压传感器,另一部分为内部气压传感器。外部气压传感器就是检测我们生活场景中的大气压力,利用大气压的变化来检测我们所处的高度。这个是作为位置传感器辅助存在的。除了设备外部气压传感器,一些三防手机等还有内部气压传感器,通过实时检测内部气压变化来确定设备的外壳密封情况。

**9. 磁力感应器**

应用场景:①指南针;②锁屏等。

手机与平板的磁力感应器一共有两种传感器,我们在这里把这两种磁力传感器归为一类来介绍。首先,地球磁力感应器也就是我们熟知的罗盘,可以确定东西南北作为定位辅助设备存在,也可以单独存在。在初次使用时,往往我们都会看到屏幕中提示要让我们手动将设备按照"倒八字"方向移动,以便让其中的传感器更加准确地对方位进行确定。

另外,磁力感应器这类传感器主要用于屏幕锁屏操作来使用,如 iPad 上的 Smart Cover 和黑莓手机的保护套,均使用了该类磁力感应器。因此,该类传感器简单、方便、易用的特点,让其成为目前主流中高端移动设备的标准配置。

**10. 超灵敏触控传感器**

应用场景:①户外运动高度测量;②三防设备检测内部封闭程度等。

超灵敏触控传感器的主要作用是辅助电容屏触控使用。由于现在触摸屏手机与平板中的电容屏幕主要是依靠电压的变化来检测手指在屏幕上的位置。这类超灵敏触控传感器可以检测到屏幕上的微小电流,使得用户戴着手套也可以正常操作手机。

据悉,该技术是由电容传感器领域的先锋美国新思科技(Synaptics)提供技术支持,建立在他们全新的 ClearPad Series 3 电容触摸屏感应技术之上。这样的技术通过自动感应皮肤、戴手套的手指及指甲来做出响应,达到优化触控体验、为用户提供无缝多点触摸的目的。

其实,手机这些传感器最主要的作用还是方便使用这些数码设备。随着科技的发展,传感器肯定还会继续增多,为我们带来更丰富的使用体验。

# 3.5 MEMS 传感器

## 3.5.1 MEMS 的概念

MEMS(Micro Electro Mechanical Systems,微机电系统)专指外形轮廓尺寸在毫米级以下,构成的机械零件或半导体器件尺寸在微米至纳米级的,集微型机械、传感器、执行器、信号处理控制、通信接口、电源为一体的新型传感器。

MEMS 是在微电子技术基础上发展起来的多学科交叉的前沿研究领域。它涉及电子、机械、材料、物理学、化学、生物学、医学等多种学科与技术,具有广阔的应用前景。截止到 2010 年,全世界大约有 600 余家单位从事 MEMS 的研制和生产工作,已研制出包括微型压力传感器、加速度传感器、微喷墨打印头、数字微镜显示器在内的几百种产品,其中 MEMS 传感器占相当大的比例。

物联网的核心理念是将传感器放在任何东西上,然后通过互联网将数据发回数据库。通过这种方式,便可以随时随地监控一切信息,并构建更加智能且更具互动性的系统。但如果把传感器散布到空气中,就可以监控一切信息,这项技术是美国加州大学伯克利分校提出的"智能尘埃"。"智能尘埃"之所以能成为现实,要得益于这些 MEMS,以及数字电路和无线通信技术的发展。这种技术几乎可以应用到各行各业,战场上的"尘埃"可以监控敌人的一举一动,工厂里的"尘埃"可以监控机器的运转状况,身体里的"尘埃"可以监控人的健康状况,森林里的尘埃可以追踪野生动物的迁徙以及风力和湿度。

### 3.5.2 MEMS 的特点

(1)微型化

MEMS 器件体积小,重量轻,耗能低,惯性小,谐振频率高,响应时间短。MEMS 系统与一般的机械系统相比,不仅体积缩小,而且在力学原理和运动学原理、材料特性、加工、测量和控制等方面都将发生变化。在 MEMS 系统中,所有的几何变形是如此之小(分子级),以至于结构内应力与应变之间的线性关系(虎克定律)已不存在。MEMS 器件中摩擦表面的摩擦力主要是由于表面之间的分子相互作用引起的,而不是由于载荷压力引起。MEMS 器件以硅为主要材料。硅的强度、硬度和杨氏模量与铁相当。密度类似于铝,热传导率接近铜和钨,因此 MEMS 器件机械电气性能优良。

(2)批量生产

MEMS 采用类似集成电路(IC)的生产工艺和加工过程,用硅微加工工艺在一硅片上可同时制造成百上千个微型机电装置或完整的 MEMS。使 MEMS 有极高的自动化程度,批量生产可大大降低生产成本。而且地球表层硅的含量为 2%,几乎取之不尽,因此 MEMS 产品在经济性方面更具竞争力。

(3)集成化

MEMS 可以把不同功能、不同敏感方向或制动方向的多个传感器或执行器集成于一体,或形成微传感器阵列和微执行器阵列。

(4)微机电系统元件

微机电系统元件构成复杂的微系统。微传感器、微执行器和微电子器件的集成可制造出高可靠性和稳定性的微型机电系统。

(5)方便扩展

由于 MEMS 技术采用模块设计,因此设备运营商在增加系统容量时只需要直接增加器件/系统数量,而不需要预先计算所需要的器件/系统数。

(6)多学科交叉

MEMS 集中了当今科学技术发展的许多尖端成果。通过微型化、集成化可以探索新原理、新功能的元件和系统,将开辟一个新技术领域。

### 3.5.3 MEMS 的应用

(1)应用于医疗的例子

例如,把 MEMS 传感器应用于无创胎心检测,检测胎儿心率是一项技术性很强的工作,用人工计数很难测量准确。而具有数字显示功能的超声多普勒胎心监护仪,价格昂贵,超声

振动波作用于胎儿属于有损探测范畴,不适于经常性、重复性的检查及家庭使用。基于VTI公司的MEMS加速度传感器,提出一种无创胎心检测方法,研制出一种简单易学、直观准确的介于胎心听诊器和多普勒胎儿监护仪之间的临床诊断和孕妇自检的医疗辅助仪器。

通过加速度传感器将胎儿心率转换成模拟电压信号,经前置放大用的仪器——放大器——实现差值放大。然后进行滤波等一系列中间信号处理,用A/D转换器将模拟电压信号转换成数字信号。通过光隔离器件输入到单片机进行分析处理,最后输出处理结果。

基于MEMS加速度传感器设计的胎儿心率检测仪在适当改进后能够以此为终端,做一个远程胎心监护系统。医院端的中央信号采集分析监护主机给出自动分析结果,医生对该结果进行诊断,如果有问题及时通知孕妇到医院来。该技术有利于孕妇随时检查胎儿的状况,有利于胎儿和孕妇的健康。

(2)应用在汽车电子

MEMS压力传感器主要应用在测量气囊压力、燃油压力、发动机机油压力、进气管道压力及轮胎压力。这种传感器用单晶硅作材料,以采用MEMS技术在材料中间制作成力敏膜片,然后在膜片上扩散杂质形成4只应变电阻,再以惠斯顿电桥方式将应变电阻连接成电路,来获得高灵敏度。车用MEMS压力传感器有电容式、压阻式、差动变压器式、声表面波式等几种常见的形式。

而MEMS加速度计的原理是基于牛顿的经典力学定律,通常由悬挂系统和检测质量组成,通过微硅质量块的偏移实现对加速度的检测,主要用于汽车安全气囊系统、防滑系统、汽车导航系统和防盗系统等,除了有电容式、压阻式以外,MEMS加速度计还有压电式、隧道电流型、谐振式和热电耦式等形式。其中,电容式MEMS加速度计具有灵敏度高、受温度影响极小等特点,是MEMS微加速度计中的主流产品。微陀螺仪是一种角速率传感器,主要用于汽车导航的GPS信号补偿和汽车底盘控制系统,主要有振动式、转子式等几种。应用最多的属于振动陀螺仪,它利用单晶硅或多晶硅的振动质量块在被基座带动旋转时产生的哥氏效应来感测角速度。例如,汽车在转弯时,系统通过陀螺仪测量角速度来指示方向盘的转动是否到位,主动在内侧或者外侧车轮上加上适当的制动以防止汽车脱离车道,通常,它与低加速度计一起构成主动控制系统。

(3)应用于运动追踪系统

在运动员的日常训练中,MEMS传感器可以用来进行3D人体运动测量,对每一个动作进行记录,教练们对结果分析,反复比较,以便提高运动员的成绩。随着MEMS技术的进一步发展,MEMS传感器的价格也会随着降低,这在大众健身房中也可以广泛应用。

在滑雪方面,3D运动追踪中的压力传感器、加速度传感器、陀螺仪以及GPS可以让使用者获得极精确的观察能力,除了可提供滑雪板的移动数据外,还可以记录使用者的位置和距离。在冲浪方面也是如此,安装在冲浪板上的3D运动追踪,可以记录海浪高度、速度、冲浪时间、桨板距离、水温以及消耗的热量等信息。

# 3.6 知名传感器厂商

由于多学科的交叉融合发展,纳米技术、硅的低成本制造技术的发展,为新型传感器提供了保障。世界各国知名传感器厂商围绕着新材料开发、智能化发展开展了许多项目。

### 3.6.1　美国传感器厂商

美国发展模式是先军工后民用、先提高后普及,有 3 个显著特点,如下所示。

① 非常重视传感器功能材料研究。

② 对传感器技术开发十分重视:例如,美国霍尼威尔公司的固态传感器发展中心每年用于设备投资就有 5 000 万美元,目前拥有包括计算机辅助设计、单晶生长、加工、图形发生器,对步重复照相、自动涂胶和光刻、等离子刻蚀、溅射、扩散、外延、蒸镀、离子注入化学气相沉积、扫描电镜、封装和屏蔽动态测试等最先进的成套设备和生产线。

③ 重视工艺研究:传感器原理不难,也不保密,而最保密的是工艺。研发方面,美国约有 1 300 家生产和开发传感器的厂家,100 多个研究院所和院校。

美国知名的传感器厂家如下所示。

#### 1. 美国 MEAS 传感器公司

美国 MEAS 传感器公司(Measurement Specialties Inc.)掌握着世界领先的 MEMS 制造技术,专业生产各类传感器。产品广泛应用于航天航空、国防军工、机械设备、工业自动控制、汽车电子、医疗、家用电器、暖通空调、石油化工、空压机、气象检测、仪器仪表等领域。该公司在行业内第一个实现硅 MEMS 批量加工技术,第一个将 LVDT 商业化,第一个将 Piezo Film 技术转化为低成本的商业化传感器及生命特征传感器。

其主要的传感器产品:压力及动态压力传感器、位移传感器、倾角及角位移传感器、霍尔编码器、磁阻传感器、加速度传感器、振动传感器、湿度传感器、温度传感器等。

#### 2. 霍尼韦尔国际公司

霍尼韦尔国际公司(Honeywell International Inc.)主要的传感器产品:扩散硅压力传感器、变送器,陶瓷电容式压力变送器,扩散硅和陶瓷电容式液位变送器,数字式压力表,压力校验仪等。

霍尼韦尔国际公司是一家在技术和制造业方面居世界领先地位的多元化跨国公司,在全球,其业务涉及众多领域。微型开关公司(Mircro Switch)创立于 1935 年,后加入霍尼韦尔成为霍尼韦尔传感与控制战略部。全球首先研制出 STC3000 型智能压力传感器,技术领先。目前共有 20 多个系列近 6 万种产品,在全世界拥有 30 万用户。近半个世纪以来,霍尼韦尔公司的传感与控制分部以其优秀的产品质量和可靠性,以及不断的技术创新,在全世界赢得了很高的声誉。主要的传感器产品:扩散硅压力传感器、变送器,陶瓷电容式压力变送器,扩散硅和陶瓷电容式液位变送器,数字式压力表,压力校验仪等。

#### 3. 美国凯勒公司

凯勒与压阻技术的发展有密切关系。凯勒先生开发了第一个压阻式压力传感器后不久,于 1975 年创办了美国凯勒公司(Keller America Inc.),现已成长为提供压力测量解决方案的全球领导者。公司年产量 100 万只传感器,拥有 10 个系列的 OEM 压力传感器产品。主要的传感器产品:压力传感器、压力变送器等。

#### 4. 美国艾默生电气公司

美国艾默生电气公司(Emerson Electric Co.)于 1890 年在美国密苏里州圣路易斯市成立,当时是一家电机和风扇制造商。经过 100 多年的努力,Emerson 已经由一个地区制造商

成长为一个全球技术解决方案的集团公司,是《财富》世界500强企业,在电子行业中长期名列前两位。主要的传感器产品:振动传感器、PH传感器等。

**5. 罗克韦尔自动化有限公司**

其主要的传感器产品:压力传感器、温度传感器、容性接近传感器、感性接近传感器、光电传感器、超声传感器等。

**6. 通用电气公司**

通用电气公司(General Electric Company,GE)是一家多元化的科技、媒体和金融服务公司,也是全球知名传感器厂商之一,致力不断创新、发明和再创造,为客户解决问题。GE由四大业务集团构成,每个集团都包括多个共同增长的部门。GE的产品和服务范围广阔,从飞机发动机、发电设备、水处理和安全技术,到医疗成像、商务和消费者金融、媒体和工业产品。主要的传感器产品:车载传感器、压力传感器、温度传感器、光学传感器(元件)等。

**7. 雷泰公司**

美国雷泰公司(Raytek Corporation)是世界上非接触红外测温仪的最大生产厂家之一,红外测温传感器销量居世界同行业之首。该公司提供红外测温仪、温度传感器约13个系列、上百个品种,测温范围覆盖:-50~3 000 ℃。RAYTEK(雷泰)红外测温仪广泛应用于设备故障诊断、冶金和热处理、电力、铁路、食品等诸多领域。主要的传感器产品:温度传感器等。

**8. 美国PCB公司**

其主要的传感器产品:加速度、压力、力、扭矩、冲击、振动、声学、模态及水声测量的传感器和配套的仪器设备等。

美国PCB公司(PCB Piezotronics Inc.)是世界著名的传感器及测量仪器制造商。公司于1967年成立,致力压电测量技术的研究、开发和产品制造。其首创的ICP型传感器(内装集成电路电荷放大器)在世界上享有盛誉。生产的加速度、压力、力、扭矩传感器以及相应的测量仪器,广泛应用于航空、航天、船舶、兵器、核工业、石化、水力、电力、轻工、交通和车辆等领域。主要的传感器产品:加速度、压力、力、扭矩、冲击、振动、声学、模态及水声测量的传感器和配套的仪器设备等。

### 3.6.2 德国传感器厂商

德国视军用传感器为优先发展技术,德国传感器充分发挥了老牌工业强国的固有优势,再经德国制造商依托自有品牌声誉和技术研发、质量管理方面的优势进行整合,其产品的市场竞争力必然获得显著提升。一方面更加注意原材料成本的节约;另一方面重人力资本的投入,以便使产品保持技术上的领先,进而保持较高的市场占有率。

**1. 西门子股份公司**

西门子股份公司(Siemens AG)一直活跃在中国市场,并在工业、能源和医疗业务领域处于领先地位。公司致力产品开发和制造,设计和安装复杂的系统和工程,定制一系列解决方案。同时,它还是全球知名的传感器制造厂商,传感器质量优良。主要的传感器产品:温度/压力传感器、工业自动化产品中所用传感器。

**2. WIKA Alexander Wiegand GmbH & Co. KG**

WIKA公司是国际压力和温度仪表市场上的知名公司,年营业额近5亿欧元。全世界大概有 3.5 亿套计量仪器是由 WIKA 公司生产的。公司在供应高质量的计量器具的同时，还为客户提供相关综合解决方案，并将其整合到客户的生产过程中。主要的传感器产品有温度/压力传感器等。

### 3.6.3 日本传感器厂商

日本把传感器技术列为十大技术之首。日本工商界人士声称"支配了传感器技术就能够支配新时代"。日本对开发和利用传感器技术相当重视并列为国家重点发展六大核心技术之一。日本科学技术厅制定的 20 世纪 90 年代重点科研项目中有 70 个重点课题，其中有 18 项与传感器技术密切相关。日本侧重实用化和商品化，先普及后提高，由引进、消化、仿制到自行改进设计创新的路子。研发方面，日本约有 800 家生产和开发传感器的厂家。

**1. 日本横河电机株式会社**

日本横河电机公司(Yokogawa Electric Corporation)是全球著名的测量、工业自动化控制和信息系统的领导者。自 1915 年创建以来，一直致力为用户提供尖端的专业技术，支援顾客进行提高经营效率的改革。其计测技术事业核心——测量仪器事业部，有着高稳定性和高可靠性的产品以及始终领先于时代的计测技术。通过与安藤电气公司的合并，进一步扩大了通信测量仪器的生产领域。在信息处理领域，尖端技术也得到了充分的发挥，目前，医疗用图像信息系统已经在许多医院得到应用，为支持医疗和医疗现场信息化作出了贡献。主要的传感器产品有 EJA 型谐振式压力传感器、PH 传感器、流量传感器等。

**2. 欧姆龙公司**

欧姆龙公司(OMRON Corporation)产品品种达几十类，涉及工业自动化控制系统、电子元器件、汽车电子、社会系统以及健康医疗设备等广泛领域。它是全球知名的自动化控制及电子设备制造厂商，掌握着世界领先的传感与控制核心技术。主要的传感器产品：温/湿传感器、开关量。

### 3.6.4 中国传感器厂商

中国从 20 世纪 60 年代开始传感器技术的研究与开发，目前在传感器的设计、制造和可靠性上取得了进步。近年建立了传感器技术国家重点实验室、微米/纳米国家重点实验室、机器人国家重点试验室等研发基地，初步建立了敏感元件和传感器产业，目前我国已有 1 688 家从事传感器的生产和研发的企业。国内传感器制造业人士正大力投入资金，以增加品种、提高质量和经济效益为目标，加速传感器产业化，争取近年内使中国市场上国产的传感器和仪表元器件的品种占有率达到 70%～80%，高档产品达到 60% 以上。

**1. 沈阳仪表科学研究院**

1995 年经中国经济计划委员会批准，传感器国家工程研究中心设在沈阳仪表科学研究院(Shenyang Academy of Instrumentation Science)，该中心是中国唯一从事传感器技术工程化科研和生产试验的国家级机构。专业开展 MEMS 技术、硅微芯片及力/热/磁传感器、传感器等基础工艺技术、传感器工程化技术研究。拥有多条可柔性组合的硅基力敏、微机电传感器(MEMS)、变送器及相关仪表的专业生产线，配备传感器 CAD 设计中心与传感器可靠性和检测试验中心、专用工艺装备和仪器 200 多台及配套的标准的生产现场和实验室的基础设施。掌握和具备从传感器敏感芯片到传感器及相关仪表、整机产品的设计、加工、封

装、测试及快速研发和批量生产的自主核心技术和能力。主要的传感器产品有力/热/磁传感器、变送器等。

**2. 深圳清华大学研究院**

1996 年 12 月,深圳市政府和清华大学共同创建了深圳清华大学研究院(Research Institute of Tsinghua University in Shenzhen),公司成功地将自主知识产权的国家"八五""九五"重点科研项目——石英谐振式力敏传感器——实现产业化,被国家计委列为国家级高新技术产业化示范基地。主要的传感器产品有压力传感器、应变传感器、石英晶体传感器等。

总结:今天活跃在国际市场上的仍然是德国、日本、美国、俄国等老牌工业国家。在这些国家里,传感器的应用范围很广,许多厂家的生产都实现了规模化,有些企业的年生产能力能达到几千万只甚至几亿只。相比之下,中国传感器的应用范围较窄,更多的仍然停留在航天航空以及工业测量与控制上。高、精、尖传感器和新型传感器的市场,几乎全被国外品牌或合资企业垄断了。

# 3.7 传感器信息处理实例

## 3.7.1 传感器的选择

根据测量对象与测量环境确定类型要进行 1 个具体的测量工作,首先要考虑采用何种原理的传感器,这需要分析多方面的因素之后才能确定。因为,即使是测量同一物理量,也有多种原理的传感器可供选用,哪一种原理的传感器更为合适,则需要根据被测量的特点和传感器的使用条件考虑以下一些具体问题:量程的大小;被测位置对传感器体积的要求;测量方式为接触式还是非接触式;信号的引出方法,有线或是非接触测量;传感器的来源,国产还是进口,价格能否承受,还是自行研制。

在考虑上述问题之后就能确定选用何种类型的传感器,然后再考虑传感器的具体性能指标。

**1. 灵敏度的选择**

通常,在传感器的线性范围内,希望传感器的灵敏度越高越好。因为只有灵敏度高时,与被测量变化对应的输出信号的值才比较大,有利于信号处理。但要注意的是,传感器的灵敏度高,与被测量无关的外界噪声也容易混入,也会被放大系统放大,影响测量精度。因此,要求传感器本身应具有较高的信噪比,尽量减少从外界引入的干扰信号。

传感器的灵敏度是有方向性的。当被测量的是单向量,而且对其方向性要求较高,则应选择其他方向灵敏度小的传感器;如果被测量的是多维向量,则要求传感器的交叉灵敏度越小越好。

**2. 频率响应特性**

传感器的频率响应特性决定了被测量的频率范围,必须在允许频率范围内保持不失真。实际上传感器的响应总有一定延迟,希望延迟时间越短越好。

传感器的频率响应越高,可测的信号频率范围就越宽。

在动态测量中,应根据信号的特点(稳态、瞬态、随机等)响应特性,以免产生过大的误差。

**3. 线性范围**

传感器的线性范围是指输出与输入成正比的范围。理论上讲,在此范围内,灵敏度保持定值。传感器的线性范围越宽,则其量程越大,并且能保证一定的测量精度。在选择传感器时,当传感器的种类确定以后首先要看其量程是否满足要求。

但实际上,任何传感器都不能保证绝对的线性,其线性度也是相对的。当所要求测量精度比较低时,在一定的范围内,可将非线性误差较小的传感器近似看作线性的,这会给测量带来极大的方便。

**4. 稳定性**

传感器使用一段时间后,其性能保持不变的能力称为稳定性。影响传感器长期稳定性的因素除传感器本身结构外,主要是传感器的使用环境。因此,要使传感器具有良好的稳定性,传感器必须要有较强的环境适应能力。

在选择传感器之前,应对其使用环境进行调查,并根据具体的使用环境选择合适的传感器,或采取适当的措施,减小环境的影响。

传感器的稳定性有定量指标,在超过使用期后,在使用前应重新进行标定,以确定传感器的性能是否发生变化。

在某些要求传感器能长期使用而又不能轻易更换或标定的场合,所选用的传感器稳定性要求更严格,要能够经受住长时间的考验。

**5. 精度**

精度是传感器的一个重要的性能指标,它是关系整个测量系统测量精度的一个重要环节。传感器的精度越高,其价格越昂贵,因此,传感器的精度只要满足整个测量系统的精度要求就可以,不必选得过高。这样就可以在满足同一测量目的的诸多传感器中选择比较便宜和简单的传感器阿特拉斯空压机配件。

如果测量目的是定性分析的,选用重复精度高的传感器即可,不宜选用绝对量值精度高的;如果是为了定量分析,必须获得精确的测量值,就需选用精度等级能满足要求的传感器。

对某些特殊使用场合,无法选到合适的传感器,则需自行设计制造传感器。自制传感器的性能应满足使用要求。

### 3.7.2　传感器数据处理的实例

这个例子参考了深联科技的物联网实验平台中关于温度传感器的数据读取方法。因为是教学使用,所以选择了数字温湿度传感器 DHT11,如图 3-3 所示,其电路图如图 3-4 所示。

图 3-3　数字温湿度传感器 DHT11

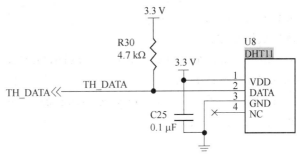

图 3-4　数字温湿度传感器 DHT11 电路图

DHT11 数字温湿度传感器是一款含有已校准数字信号输出的温湿度复合传感器。它应用专用的数字模块采集技术和温湿度传感技术，确保产品具有极高的可靠性与卓越的长期稳定性。传感器包括一个电阻式感湿元件和一个 NTC 测温元件，并与一个高性能 8 位单片机相连接。因此该产品具有品质卓越、超快响应、抗干扰能力强、性价比极高等优点。每个 DHT11 传感器都在极为精确的湿度校验室中进行校准。校准系数以程序的形式储存在 OTP 内存中，传感器内部在检测信号的处理过程中要调用这些校准系数。单线制串行接口，使系统集成变得简易快捷。超小的体积、极低的功耗，信号传输距离可达 20 m 以上，使其成为各类应用甚至最为苛刻的应用场合的最佳选择。从图 3-4 可以看出，产品为 4 针单排引脚封装，连接方便，特殊封装形式可根据用户需求而提供。

DATA 用于微处理器与 DHT11 之间的通信和同步，采用单总线数据格式，一次通信时间 4 ms 左右，数据分小数部分和整数部分，具体格式在下面说明，当前小数部分用于以后扩展，现读出为零。操作流程如下：一次完整的数据传输为 40 bit，高位先出。数据格式：8 bit 湿度整数数据＋8 bit 湿度小数数据＋8 bit 温度整数数据＋8 bit 温度小数数据＋8 bit 校验和。数据传送正确时校验和数据等于"8 bit 湿度整数数据＋8 bit 湿度小数数据＋8 bit 温度整数数据＋8 bit 温度小数数据"所得结果的末 8 位。

主函数循环：

```
while(1)
{i = Read_Temp_Hum(temp, hum); // 读取数据
if(i)
{if(temp[0]&0x80)
{temp[0] &= 0x7f;
snprintf(buf, 16, "Temp：-%d.%d", temp[0], temp[1]); // 将值按格式存入 buf}
else
{snprintf(buf, 16, "Temp：%d.%d", temp[0], temp[1]);}
OLED_DisStrLine(2, 0, (uint8_t *)buf); // 显示 Temp
snprintf(buf, 16, "Hum：%d.%d", hum[0], hum[1]);
OLED_DisStrLine(3, 0, (uint8_t *)buf); // 显示 Hum
printf("\r\nTemp：%d.%d Hum：%d.%d", temp[0], temp[1], hum[0], hum[1]);}
else
{printf("\r\nfail");}
delay_ms(500);}
```

读取数据函数：

```
uint32_t Read_Temp_Hum(uint8_t * temp, uint8_t * hum)
{uint32_t cnt_last;
uint8_t hum_10, hum_01, temp_10, temp_01, chksum, chk;
uint32_t tc1, tc;
uint32_t i;
p3_2_counter = 0;
```

```
cnt_last = p3_2_counter;
GPIOIntDisable(PORT1，5);
GPIOSetDir(PORT1，5，1); // Set PIO1_5 to output
GPIOSetValue(PORT1，5，0);

delay_ms(30);
GPIOSetValue(PORT1，5，1);
GPIOSetDir(PORT1，5，0);
GPIOSetInterrupt(PORT1，5，0，0，0);
GPIOIntEnable(PORT1，5);
for(i = 0; i<3; i++)
{GPIOSetInterrupt(PORT1，5，0，0，i&0x01);
while(p3_2_counter == cnt_last);
cnt_last = p3_2_counter;}
for(i = 0; i<40; i++) // 读取 40 位数据
{GPIOSetInterrupt(PORT1，5，0，0，1);
while(p3_2_counter == cnt_last);
cnt_last = p3_2_counter;
tc1 = p3_2_tc;
GPIOSetInterrupt(PORT1，5，0，0，0);
while(p3_2_counter == cnt_last);
cnt_last = p3_2_counter;
if(p3_2_tc < tc1)
{tc = tc1 - p3_2_tc;}
else
{tc = 48000 - (p3_2_tc - tc1);}
if(i < 8)
{hum_10 <<= 1;
if(tc >= 2328)
hum_10 |= 0x01;}
else if(i < 16)
{hum_01 <<= 1;if(tc >= 2328)
hum_01 |= 0x01;}
else
if(i < 24)
{temp_10 <<= 1;
if(tc >= 2328)
temp_10 |= 0x01;}
Else
```

```
if(i < 32)
{temp_01 << = 1;
if(tc > = 2328)
temp_01 | = 0x01;}
else
{chksum << = 1;
if(tc > = 2328)
chksum | = 0x01;}
}
```

# 课 后 习 题

**一、名词解释**

传感器　电阻式传感器　MEMS 传感器

**二、单项选择题**

1. 传感器节点采集数据中不可缺少的部分是什么？（　　　）

A. 温度　　　　　　B. 湿度　　　　　　C. 风向　　　　　　D. 位置信息

2. 下列哪类节点消耗的能量最小？（　　）

A. 边缘节点　　　　　　　　　　　B. 处于中间的节点

C. 能量消耗都一样　　　　　　　　D. 靠近基站的节点

3. 传感器的静止特征不包含（　　　）。

A. 线性度　　　　　B. 灵敏度　　　　　C. 迟带　　　　　D. 幅频特性

4. 传感器的作用不包括（　　　）。

A. 信息采集的关键部件　　　　　　B. 感知、获取及检测信息的窗口

C. 近距离传送状态信息　　　　　　D. 提供处理和决策的原始数据

5. 按（　　　）分类，可将传感器分为物理类、化学类、生物类。

A. 用途　　　　　B. 敏感元件的原理　　　C. 制作工艺　　　D. 功能

**三、问答题**

1. 传感器的定义是什么？它们是如何分类的？

2. 传感器的主要特性有哪些？

3. 传感器由哪几部分组成？它们的作用与相互关系怎样？

4. 什么是智能传感器？智能传感器有哪些实现方式？

5. 温度传感器是怎么分类的？

6. MEMS 的定义是什么？优点和特点是什么？

7. 简述传感器的选用原则。

# 第4章　近距离通信技术和无线传感网

前　言

在物联网关键技术中,无线传感网无疑占有非常重要的地位,它可以实现广泛的连接和传感,为智能化奠定坚实的基础。无线传感网的主要内容是传感和无线传输,在无线传感网中,由于需要在很小的范围内布置大量的无线节点,近距离无线通信技术在其中占有非常重要的地位。WiFi、蓝牙、ZigBee等近距离局域通信方式在物联网应用中争相成为主流,这些通信方式在特定空间范围和场景下各自拥有稳定性、功耗、连接速度等优势,但其覆盖区域有限。

教学目标

| 知识要点 | 能力要求 |
| --- | --- |
| 近距离无线通信协议 | ① 掌握蓝牙、UWB、ZigBee、WiFi等技术的特点<br>② 了解响应的协议体系 |
| 无线传感网 | 掌握无线传感网的定义和特点 |
| MAC协议 | ① 掌握无线WSN对MAC协议的要求和目前的MAC协议的类别<br>② 了解SMAC、TMAC、ZMAC等协议 |
| 路由协议 | ① 掌握无线WSN对路由协议的要求和目前路由协议的类别<br>② 了解几种路由协议 |

推荐资料

[1]　孙其博,刘杰,黎羴. 物联网:概念、架构与关键技术研究综述[J]. 北京邮电大学学报,2010,33(3):1-9.

[2]　寒强,龚正虎. 无线传感器网络MAC协议研究进展[J]. 软件学报,2008,19(2):389-403.

[3] 周雅琴,谭定忠.无线传感器网络应用及研究现状[J].传感器世界,2009,5(5):
    35-40.

[4] 赵强利,蒋艳凰,徐明.无线传感器网络路由协议的分析与比较[J].计算机科学,
    2009,2(2):35-41.

从系统结构的角度看,物联网可分为3个层次:感知层、网络层和应用层。感知层处于整个体系的最底层,感知层包括数据采集子层和传感器网络组网子层。数据采集子层包括了前两章讲过的射频识别(Radio Frequency Identification,RFID)技术、传感器技术。首先,RFID技术利用无线射频信号识别目标对象并读取该对象的相关信息,这些信息反映了对象的自身特点,描述了对象的静态特征。其次,由传感器检测对象的动态特征。数量巨大的传感器节点以随机散播或者人工放置的方式部署在监测区域中,通过自组织方式构建网络。

传感器网络组网子层主要是解决近距离网路的问题,方法有ZigBee、蓝牙等。由传感器节点监测到的区域内数据经过网络内节点的多跳路由传输最终到达汇聚节点,数据有可能在传输过程中被多个节点执行融合和压缩,最后通过卫星、互联网或者无线接入服务器达到终端的管理节点。

# 4.1 物联网传感层近距离通信技术

人类需求的"长尾效应",即20%视频等高带宽需求,80%的泛在需求(如电冰箱状态、电力远程抄表、心脏异常报警),泛在需求对应物联网中物体多样性、低成本、低速率、低通信半径、低计算能力和低能量来源的特征,这类需求须由低速网络协议实现。由于近距离无线电通信的应用非常多样化,所以多种标准和技术并存的现象会长期存在。例如,需要宽带传输的视频、高速数据可以采用UWB技术;对速率要求不高的,但对功耗、成本等有较高要求的无线传感网可以采用ZigBee技术;对于非常近距离的标签无线识别应用,则可以采用NFC、RFID等无线通信技术。

## 4.1.1 Bluetooth

蓝牙是一个开放性的、短距离无线通信技术标准,它可以在较小的范围内通过无线连接的方式实现固定设备以及移动设备之间的网络互连,可以在各种数字设备之间实现灵活、安全、低成本、小功耗的话音和数据通信。因为蓝牙技术可以方便地嵌入到单一的CMOS芯片中,因此它特别适用于小型的移动通信设备。它的特点如下所示。

(1) 全球范围适用

蓝牙工作在2.4 GHz的ISM(Industry Science and Medical Band)频段,全球大多数国家ISM频段的范围是2.4~2.483 5 GHz,使用该频段无须向各国的无线电资源管理部门申请许可证。

信道数:79个。信道间隔:1 MHz。蓝牙使用跳频技术,将传输的数据分割成数据包,通过79个指定的蓝牙频道分别传输数据包。每个频道的频宽为1 MHz。蓝牙4.0使用2 MHz间距,可容纳40个频道。第一个频道始于2 402 MHz,每1 MHz一个频道,至2 480MHz。有了适配跳频(Adaptive Frequency-Hopping,AFH)功能,通常每秒跳1 600次。

（2）同时可传输语音和数据

蓝牙采用电路交换和分组交换技术，支持异步数据信道、三路语音信道以及异步数据与同步语音同时传输的信道。每个语音信道数据速率为 64 kbit/s，语音信号编码采用脉冲编码调制（PCM）或连续可变斜率增量调制（CVSD）方法。当采用非对称信道传输数据时，速率最高为 721 kbit/s，反向为 57.6 kbit/s；当采用对称信道传输数据时，速率最高为 342.6 kbit/s。蓝牙有两种链路类型：异步无连接（ACL）链路和同步面向连接（SCO）链路。

（3）可以建立临时性的对等连接

根据蓝牙设备在网络中的角色，可分为主设备（Master）与从设备（Slave）。主设备是组网连接主动发起连接请求的蓝牙设备，几个蓝牙设备连接成一个皮网（Piconet）时，其中只有一个主设备，其余的均为从设备。皮网是蓝牙最基本的一种网络形式，最简单的皮网是一个主设备和一个从设备组成的点对点的通信连接。

（4）具有很好的抗干扰能力

工作在 ISM 频段的无线电设备有很多种，如家用微波炉、无线局域网（WLAN）Home RF 等产品，为了很好地抵抗来自这些设备的干扰，蓝牙采用了跳频（Frequency Hopping）方式来扩展频谱（Spread Spectrum），将 2.402～2.48 GHz 频段分成 79 个频点，相邻频点间隔 1 MHz。蓝牙设备在某个频点发送数据之后，再跳到另一个频点发送，而频点的排列顺序则是伪随机的，每秒钟频率改变 1 600 次，每个频率持续 625 $\mu$s。

（5）蓝牙模块体积很小，便于集成

由于个人移动设备的体积较小，嵌入其内部的蓝牙模块体积就应该更小，如爱立信公司的蓝牙模块 ROK101008 的外形尺寸仅为 32.8 mm×16.8 mm×2.95 mm。

（6）低功耗

蓝牙设备在通信连接状态下，有 4 种工作模式：激活（Active）模式、呼吸（Sniff）模式、保持（Hold）模式、休眠（Park）模式。Active 模式是正常的工作状态，另外 3 种模式是为了节能所规定的低功耗模式。

（7）开放的接口标准

SIG 为了推广蓝牙技术的使用，将蓝牙的技术标准全部公开，全世界范围内的任何单位和个人都可以进行蓝牙产品的开发，只要最终通过 SIG 的蓝牙产品兼容性测试，就可以推向市场。

蓝牙技术联盟 2012 年正式推出的蓝牙 4.0，其较 3.0 版本更省电、成本更低，具备 3 ms 低延迟、超长有效连接距离、AES-128 加密等特点。2013 年 12 月推出蓝牙 4.1 版本；2014 年 12 月正式公布了蓝牙 4.2 标准，相比旧版标准来说提升巨大。首先，设备之间的数据传输速度提升了约 2.5 倍，蓝牙智能数据包可容纳的数据量相当于此前的约 10 倍。此外，蓝牙 4.2 的安全性也有所提升，如果没有得到用户许可，蓝牙信号将无法尝试连接和追踪用户设备，并且无法进行智能定位。蓝牙 4.2 设备可以直接通过 IPv6 和 6LoWPAN 接入互联网，且支持低功耗 IP 连接。

## 4.1.2 UWB

UWB 是超宽带无线技术的缩写，使用 1 GHz 以上的带宽。始于 20 世纪 60 年代兴起的脉冲通信技术，主要用于军用雷达、定位和通信系统中。UWB 技术最早是利用频谱极宽

的超短脉冲进行通信。通常每个脉冲持续的时间只有几十皮秒到几纳秒。通信速度可以达到每秒几百兆比特。它将会为无线局域网和个人域网接入技术带来低功耗、高带宽并且相对简单的无线通信技术。

与蓝牙和 WLAN 等带宽相对较窄的传统无线系统不同,UWB 能在宽频上发送一系列非常窄的低功率脉冲。较宽的频谱、较低的功率、脉冲化数据,意味着 UWB 引起的干扰小于传统的窄带无线解决方案。UWB 具有以下特点。

（1）抗干扰性能强

UWB 采用跳时扩频信号,系统具有较大的处理增益,在发射时将微弱的无线电脉冲信号分散在宽阔的频带中,输出功率甚至低于普通设备产生的噪声。接收时将信号能量还原出来,在解扩过程中产生扩频增益。因此,与 IEEE 802.11a、IEEE 802.11b 和蓝牙相比,在同等码速条件下,UWB 具有更强的抗干扰性。UWB 的数据速率可以达到 10～100 Mbit/s,有望高于蓝牙 100 倍,也可以高于 IEEE 802.11a 和 IEEE 802.11b。

（2）带宽极宽

UWB 使用的带宽在 1GHz 以上,高达几个吉赫兹。超宽带系统容量大,并且可以和窄带通信系统同时工作而互不干扰。这在频率资源日益紧张的今天,开辟了一种新的时域无线电资源。

（3）消耗电能小

通常情况下,无线通信系统在通信时需要连续发射载波,因此要消耗一定电能。而UWB 不使用载波,只是发出瞬间脉冲电波,也就是直接按 0 和 1 发送出去,并且在需要时才发送脉冲电波,所以消耗电能小。

（4）保密性好

UWB 保密性表现在两方面。一方面是采用跳时扩频,接收机只有已知发送端扩频码时才能解出发射数据;另一方面是系统的发射功率谱密度极低,用传统的接收机无法接收。

UWB 技术解决了困扰传统无线技术多年的有关传播方面的重大难题,它开发了一个具有对信道衰落不敏感,发射信号功率谱密度低,有低截获能力,系统复杂度低,能提供数厘米的定位精度等优点。UWB 尤其适用于室内等密集场所的高速无线接入和军事通信应用中。

### 4.1.3 ZigBee

ZigBee 是一种短距离、低复杂度、低功耗、低数据率、低成本的双向无线通信技术,是一组基于 IEEE 802.15.4 无线标准研制开发的有关组网、安全和应用软件方面的技术。Zig-Bee 在数千个微小的传感器之间相互协调实现通信。这些传感器只需要很少的能量,以接力的方式通过无线电波将数据从一个传感器传到另一个传感器,所以它们的通信效率非常高。由于 ZigBee 技术的低数据速率和通信范围较小的特点,也决定了 ZigBee 技术适合于承载数据流量较小的业务。

**1. ZigBee 技术特点**

（1）低功耗

由于 ZigBee 的传输速率低,发射功率仅为 1 mW,而且采用了休眠模式,功耗低,因此ZigBee 设备非常省电。据估算,ZigBee 设备仅靠两节 5 号电池就可以维持长达 6 个月到 2

年左右的使用时间。

（2）低成本

由于 ZigBee 模块的复杂度不高，ZigBee 协议免专利费，再加之使用的频段无须付费，所以它的成本较低。

（3）时延短

通信时延和从休眠状态激活的时延都非常短，典型的搜索设备时延 30 ms，休眠激活的时延是 15 ms，活动设备信道接入的时延为 15 ms。

（4）网络容量大

一个星型结构的 ZigBee 网络最多可以容纳 254 个从设备和一个主设备，一个区域内可以同时存在最多 100 个 ZigBee 网络，而且网络组成灵活。网状结构的 ZigBee 网络中可有 65 000 多个节点。

（5）可靠

ZigBee 采取了碰撞避免策略，同时为需要固定带宽的通信业务预留了专用时隙，避开了发送数据的竞争和冲突。MAC 层采用了完全确认的数据传输模式，每个发送的数据包都必须等待接收方的确认信息。如果传输过程中出现问题可进行重发。

（6）安全

ZigBee 提供了基于循环冗余校验（CRC）的数据包完整性检查功能，支持鉴权和认证，采用了 AES-128 的加密算法，各个应用可以灵活确定其安全属性。

**2. ZigBee 层次**

IEEE 802.15.4 标准定义了物理层（PHY Layer）及媒体存取层（MAC Layer）。ZigBee 则是由 ZigBee Alliance 所主导的标准，定义了网络层（Network Layer）、安全层（Security Layer）、应用层（Application Layer）以及各种应用产品的资料（Profile）。其中应用层提供应用支持子层（APS）和 ZigBee 设备对象（ZDO）。所以 ZigBee 联盟预测的主要应用领域包括工业控制、消费性电子设备、汽车自动化、农业自动化和医用设备控制等。

我们从 ZigBee 的底层——IEEE 802.15.4——开始了解，IEEE 802.15.4 包括物理层和 MAC 层两部分。

（1）物理层

物理层定义了物理无线信道与 MAC 层之间的接口，主要是在硬件驱动程序的基础上，实现数据传输和物理信道的管理，提供物理层数据服务和物理层管理服务。

国际上不同国家使用 ZigBee 有 3 个频带和数据传输率：欧洲使用 868 MHz 频带，数据传输率 20 kbit/s；北美使用 868 MHz 频带，数据传输率 40 kbit/s；全世界通用为 2.4 GHz 频带，数据传输率 250 kbit/s。但这 3 个频带的物理层并不相同，它们各自的信道带宽分别是 0.6 MHz，2 MHz 和 5 MHz，分别有 1 个、10 个和 16 个信道。不同频带的扩频和调制方式也有所区别，虽然都使用了直接序列扩频（DSSS）的方式，但从比特到码片的变换方式有比较大的差别；调制方面都使用了调相技术，但 868 MHz 和 915 MHz 频段采用的是 BPSK，而 2.4 GHz 频段采用的是 OQPSK。

我们可以以 2.4 GHz 频段为例看看发射机基带部分的框图，如图 4-1 所示，可以看到物理层部分非常简单，而 IEEE 802.15.4 芯片的低价格正是得益于底层的简单性。

（2）MAC 层

MAC 层定义了 MAC 层与网络层之间的接口，提供 MAC 层数据服务和 MAC 层管理

服务。

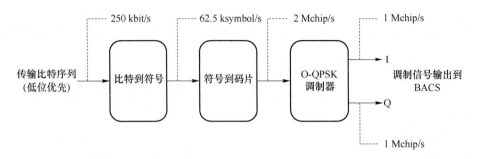

图 4-1　2.4 GHz 频段发射机基带部分

ZigBee/IEEE 802.15.4 的网络所有节点都工作在同一个信道上,因此如果邻近的节点同时发送数据就有可能发生冲突。为此 MAC 层采用了 CSMA/CA 的技术,简单来说,就是节点在发送数据之前先监听信道,如果信道空闲则可以发送数据,否则就要进行随机的退避,即延迟一段随机时间,然后再进行监听,这个退避的时间是指数增长的,但有一个最大值,即如果上一次退避之后再次监听信道忙,则退避时间要增倍,这样做的原因是如果多次监听信道都忙,有可能表明信道上的数据量大,因此让节点等待更多的时间,避免繁忙的监听。通过这种信道接入技术,所有节点竞争共享同一个信道。

在 MAC 层当中还规定了两种信道接入模式,一种是信标(beacon)模式,另一种是非信标模式。信标模式当中规定了一种"超帧"的格式,在超帧的开始发送信标帧,里面含有一些时序以及网络的信息,紧接着是竞争接入时期,在这段时间内各节点以竞争方式接入信道,再后面是非竞争接入时期,节点采用时分复用的方式接入信道,然后是非活跃时期,节点进入休眠状态,等待下一个超帧周期的开始又发送信标帧。而非信标模式则比较灵活,节点均以竞争方式接入信道,不需要周期性地发送信标帧。显然,在信标模式当中由于有了周期性的信标,整个网络的所有节点都能进行同步,但这种同步网络的规模不会很大。实际上,在 ZigBee 当中用得更多的可能是非信标模式。

（3）网络层

网络层定义了网络层与应用层之间的接口,提供网络层数据服务和网络层管理服务。网络层负责拓扑结构的建立和维护网络连接,主要功能包括设备连接和断开网络时所采用的机制,在帧信息传输过程中所采用的安全性机制,设备的路由发现、维护和转交,在创建一个新网络时为新设备分配短地址。

（4）应用层

应用层定义了应用层与网络层之间的接口,主要由应用支持子层、设备配置层和用户应用程序组成,提供应用层数据服务和应用层管理服务。

**3. ZigBee 设备类型**

（1）ZigBee 协调器（Coordinator）

ZigBee 协调点（如图 4-2(a)所示）在 IEEE 802.15.4 中也称为 PAN 协调点,在无线传感器网络中叫做汇聚节点。ZigBee 协调点必须是全功能设备 FFD(Full-Function Device)。一个 ZigBee 网络只有一个 ZigBee 协调点,它往往比网络中其他节点的功能更强大,是整个网络的主控节点。它包含所有的网络信息,是 3 种设备中最复杂的,存储容量大,计算能力最强。它主要用于发送网络信标、建立一个网络、管理网络节点、存储网络节点信息、寻找一对节点间的路由信息并且不断地接收信息。一旦网络建立完成,这个协调器的作用就像路由器节点。

(2) ZigBee 路由器(ZigBee Router,ZR)

ZigBee 路由器(如图 4-2(b)所示)必须是 FFD。它执行的功能包括允许其他设备加入这个网络,跳跃路由,辅助子树下电池供电终端的通信。通常,路由器全时间处在活动状态,因此为主供电。但是在树状拓扑中,允许路由器操作周期运行,因此这个情况下允许路由器电池供电。

(3) ZigBee 终端设备(ZigBee End Device,ZE)

ZigBee 终端设备(如图 4-2(c)所示)可以是全功能节点 FFD 或者精简功能设备 RFD (Reduced-Function Device,RFD )。一个 ZigBee 网络由一个协调器节点、多个路由器和多个终端设备节点组成。一个终端设备对于维护这个网络设备没有具体的责任,所以它可以睡眠和唤配,看它自己的选择。因此它能作为电池供电节点。

(a) ZigBee协调器  (b) ZigBee路由器  (c) ZigBee终端设备

图 4-2 ZigBee 设备类型

**4. ZigBee 组网**

利用 ZigBee 技术组件的无线个人区域网(WPAN)是一种低速率的无线个人区域网 (LR WPAN),这种低速率个人区域网的网络结构简单、成本低廉,具有有限的功率和灵活的吞吐量。在一个 LR WPAN 网络中,可同时存在两种不同类型的设备,一种是具有完整功能的设备,另一种是简化功能的设备。在网络中,FFD 通常有 3 种工作状态:①作为个人区域网络(PAN)的主协调器;②作为一个普通协调器;③作为一个终端设备。FFD 可以同时和多个 RFD 或其他 FFD 通信。而 RFD 则只用一种工作状态即作为一个终端设备,并且一个 RFD 只能和一个 FFD 通信。

(1) ZigBee 的 3 种地址

① 长地址(物理地址):64 位(8 字节),IEEE MAC 地址(由 IEEE 分配管理)。

② 短地址(网络地址):16 位(4 字节),当设备加入网络后分配。协调器的网络地址为 0x00。

③ 网络标识符 PAN ID(Personal Area Network ID):32 位(4 字节),用于区别不同的 ZigBee 网络,即在一个网络中的所有节点的 PAN ID 相同。

(2) 3 种基本组网结构

① 星型网络(Star Network)

星型网络(如图 4-3(a)所示)由 1 个 PAN 协调器和若干个终端节点组成,路由器可有可无。组网时候先通过串口线、仿真器、TI SmartRF Flash 等相关软件进行协调器配置,包

括 Channel、PAN ID 和 IEEE address。终端节点在配置时候，Channel、PAN ID 要和协调器一致。先打开协调器，再依次打开各个终端节点，即可以组网成功。

② 对等拓扑网络(Mesh Network)

在对等拓扑网络(如图 4-3(b)所示)结构中，同样也存在一个 PAN 主设备，但该网络不同于星型拓扑网络结构，在该网络中的任何一个设备只要是在它的通信范围之内，就可以和其他设备进行通信。对等拓扑网络结构能够构成较为复杂的网络结构，如网状网拓扑结构，这种对等拓扑网络结构在工业监测和控制、无线传感器网络、供应物资跟踪、农业智能化以及安全监控等方面都有广泛的应用。一个对等网络的路由协议可以是基于 Ad hoc 技术的，也可以是自组织式的和自恢复式的。并且在网络中各个设备之间发送消息时，可通过多个中间设备中继的传输方式进行传输，即通常称为多跳的传输方式，以增大网络的覆盖范围。在对等拓扑结构中，每一个设备都可以与在无线通信范围内的其他任何设备进行通信。任何一个设备都可定义为 PAN 主协调器，如可将信道中第一个通信的设备定义成 PAN 主协调器。

③ 簇树拓扑网络(Mesh-Tree Network)

簇树拓扑结构(如图 4-3(c)所示)其实是对等网络拓扑结构的一种应用形式，它的另一种典型的应用形式为网状网络(Mesh)拓扑结构。在对等网络中的设备可以为全功能设备，也可以为简化功能设备。而在簇树中的大部分设备为 FFD，RFD 只能作为树枝末尾处的叶节点，这主要是由于 RFD 一次只能连接一个 FFD。任何一个 FFD 都可以作为主协调器，并且可为其他从设备或主设备提供同步服务。在整个 PAN 中，只要该设备相对于 PAN 中的其他设备具有更多计算资源，如具有更快的计算处理能力、更大的存储空间以及更多的供电能力等。这样的设备都可以成为该 PAN 的主协调器，通常称该设备为 PAN 主协调器。

在建立一个 PAN 时，首先 PAN 主协调器将其自身设置成一个簇标识符(CID)为 0 的簇头(CLH)。然后选择一个没有使用的 PAN 标识符，并向邻近的其他设备以广播的方式发送信标帧，从而形成第一簇网络。接收到信标帧的候选设备可以在簇头中请求加入该网络，如果 PAN 主协调器允许设备加入，那么主协调器会将该设备作为子节点加到它的邻居表中。同时，请求加入的设备将 PAN 主协调器作为它的父节点加到邻居表中，成为该网络的一个从设备，其他的所有候选设备都按照同样的方式，可请求加入到该网络中，作为网络的从设备。如果候选设备不能加入该网络中，那么它将寻找其他的父节点。在簇树网络中，最简单的网络结构是只有一个簇的网络，但是多数网络结构由多个相邻的网络构成。一旦第一簇网络满足预定的应用或网络需求时，PAN 主协调器将会按下一个从设备为另一簇新

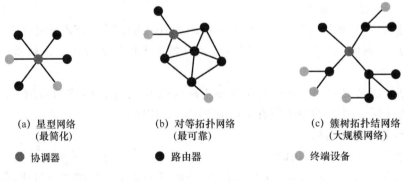

(a) 星型网络　　　　(b) 对等拓扑网络　　　　(c) 簇树拓扑结网络
　(最简化)　　　　　　(最可靠)　　　　　　　(大规模网络)

● 协调器　　　　● 路由器　　　　● 终端设备

图 4-3　3 种基本组网结构

网络的簇头,使得该从设备成为另一个 PAN 的协调器,随后其他的从设备将逐个加入,并形成一个多簇网络。

**5. ZigBee 的应用**

Bluetooth 的出现曾让工业控制、家用自动控制、玩具制造等从业者兴奋,但是 Bluetooth 的成本居高不下,影响了市场份额。ZigBee 作为一种新兴的近距离、低复杂度、低功耗、低数据速率、低成本的无线网络技术,有效弥补了低成本、低功耗和低速率无线通信市场的空缺,其成功的关键在于丰富而便捷的应用,而不是技术本身。随着正式版本协议的公布,更多的注意力和研发力量将转到应用的设计和实现、互联互通测试和市场推广等方面。越来越多的内置式 ZigBee 功能的设备将进入我们的生活,改善我们的生活方式和体验。

从 802.15.4 到 ZigBee 不难发现,这些标准的目的,就是希望以低价切入产业自动化控制、能源监控、机电控制、照明系统管控、家庭安全和 RF 遥控等领域。传递少量信息,如控制(Control)或是事件(Event)的资料传递都是 ZigBee 容易发挥的战场。ZigBee 技术适合承载数据流量较小的业务。能为低能耗的简单设备提供有效覆盖范围在数十米左右的低速连接。主要应用领域包括工业控制、消费性电子设备、汽车自动化、农业自动化和医用设备控制等。

对于传送长度一般为几十字节的传感器读数来说,高带宽是多余的,ZigBee 低带宽的奇迹是节能,正好有助于它实现低功率、低成本和强健性的目标。在结点位置不确定的情况下,需要网络具有自组网和自我修复的功能。对于大量的节点,怎样合理调度使得最后产生的路由路径合理有效,都是需要研究方向的。全网跳频技术、抗干扰技术等都是需要探讨的。

作为一种低速率的短距离无线通信技术,ZigBee 有其自身的特点,因此应该有为它量身定做的应用,尽管在某些应用方面可能和其他技术重叠。下面就来简单看看 ZigBee 可能的一些应用,包括智能家庭、工业控制、自动抄表、医疗监护、传感器网络应用和电信应用。

智能家庭:家里可能都有很多电器和电子设备,如电灯、电视机、冰箱、洗衣机、计算机、空调等,可能还有烟雾感应、报警器和摄像头等设备,以前我们最多可能就做到点对点的控制,但如果使用了 ZigBee 技术,可以把这些电子电器设备都联系起来,组成一个网络,甚至可以通过网关连接到 Internet,这样用户就可以方便地在任何地方监控自己家里的情况,并且省却了在家里布线的烦恼。

工业控制:工厂环境当中有大量的传感器和控制器,可以利用 ZigBee 技术把它们连接成一个网络进行监控,加强作业管理,降低成本。

医疗监护:电子医疗监护是最近的一个研究热点。在人体上安装很多传感器,如测量脉搏、血压,监测健康状况,还有在人体周围环境放置一些监视器和报警器,如在病房里,这样可以随时对人的身体状况进行监测,一旦发生问题,可以及时做出反应,如通知医院的值班人员。这些传感器、监视器和报警器可以通过 ZigBee 技术组成一个监测的网络,由于是无线技术,传感器之间不需要有线连接,被监护的人也可以比较自由地行动,非常方便。

### 4.1.4　现场总线

前面 3 种近距离通信设备都是无线方式,现场总线(Fieldbus)是近年来迅速发展起来的一种工业数据总线,它主要解决工业现场的智能化仪器仪表、控制器、执行机构等现场设

备间的数字通信以及这些现场控制设备和高级控制系统之间的信息传递问题,如过程自动化、制造自动化、楼宇自动化等领域的现场智能设备互连通信网络。由于现场总线简单、可靠、经济实用等一系列突出的优点,因而受到了许多标准团体和计算机厂商的高度重视。

现场总线设备的工作环境处于过程设备的底层,作为工厂设备级基础通信网络,要求具有协议简单、容错能力强、安全性好、成本低的特点;具有一定的时间确定性和较高的实时性要求,还具有网络负载稳定、多数为短帧传送、信息交换频繁等特点。由于上述特点,现场总线系统从网络结构到通信技术,都具有不同上层高速数据通信网的特色。

世界共有 40 多种现场总线,下面讲解一下其中一类。CAN(Control Area Network)最早由德国 BOSCH 公司推出,用于汽车内部测量与执行部件之间的数据通信。其总线规范现已被 ISO 国际标准组织制定为国际标准,得到了 Motorola、Intel、Philips、Siemens、NEC 等公司的支持,已广泛应用在离散控制领域。

CAN 协议也是建立在国际标准组织的开放系统互连模型基础上的,不过,其模型结构只有 3 层,只取 OSI 底层的物理层、数据链路层和顶上层的应用层。其信号传输介质为双绞线,通信速率在 40 M 的双绞线上可达到 1 Mbit/s,直接传输距离最远可达 10 公里(此时速率最高为 5 kbit/s),可挂接设备最多可达 110 个。

CAN 的信号传输采用短帧结构,每一帧的有效字节数为 8 个,因而传输时间短,受干扰的概率低。当节点严重错误时,具有自动关闭的功能以切断该节点与总线的联系,使总线上的其他节点及通信不受影响,具有较强的抗干扰能力。

CAN 支持多主方式工作,网络上任何节点均在任意时刻主动向其他节点发送信息,支持点对点、一点对多点和全局广播方式接收/发送数据。它采用总线仲裁技术,当出现几个节点同时在网络上传输信息时,优先级高的节点可继续传输数据,而优先级低的节点则主动停止发送,从而避免了总线冲突。

已有多家公司开发生产了符合 CAN 协议的通信芯片,如 Intel 公司的 82527,Motorola 公司的 MC68HC05X4,Philips 公司的 82C250 等。还有插在 PC 上的 CAN 总线接口卡,具有接口简单、编程方便、开发系统价格便宜等优点。

### 4.1.5　802.15 无线个域网

无线个人网络(WPAN)和无线分布式感知/控制网络(WDSC)中的网络设备可能会由不同的公司进行开发生产,所以一个统一的协议或标准显得尤其重要。2002 年,IEEE 802.15 工作组成立,专门从事 WPAN 标准化工作。它的任务是开发一套适用于短程无线通信的标准,通常我们称之为无线个人局域网。

IEEE 802.15.1 标准是 IEEE 批准的用于无线个域网的蓝牙技术标准,它是由蓝牙标准演变而来的。该标准于 2002 年推出,但是在实施过程中进行了修改,于 2005 年发布了它的修正版。IEEE 802.15.1 主要规定了 OSI 模型中的物理层和数据链路层下的 4 个子层标准。

IEEE 802.15.2 是对蓝牙和 802.15.1 的一些改变,其目的是减轻与 802.11b 和 802.11g 网络的干扰。这些网络都使用 2.4 GHz 频段,如果想同时使用蓝牙和 WiFi,就需要使用 802.15.2 或其他专有方案。

IEEE 802.15.3 也称 WiMedia,旨在实现高速率。最初它瞄准的是消费类器件,如电视机和数码照相机等。其原始版本规定的速率高达 55 Mbit/s,使用基于 802.11 但不兼容的物理层。后来多数厂商倾向于使用 802.15.3a,它使用超宽带(UWB)的多频段 OFDM 联盟(MBOA)的物理层,速率高达 480 Mbit/s。

IEEE 802.15.4 属于低速率短距离的无线个人局域网。它的设计目标是低成本、低速率和低功耗(长电池寿命)。速率可以低至 9.6 kbit/s,不支持话音。ZigBee 协议的物理层和媒体访问控制层是基于此的。

IEEE 802.15.6 标准定义了一种传输速率最高可达 10 Mbit/s、最长距离约 3 m 的连接技术。不同于其他短距离、低功耗无线技术,新标准特别考量在人体上或人体内的应用。

# 4.2　传感器网络

传感器网络是由许多在空间上分布的自动装置组成的一种计算机网络,这些装置使用传感器协作地监控不同位置的物理或环境状况(如温度、声音、振动、压力、运动或污染物)。无线传感器网络的发展最初起源于战场监测等军事应用。而现今无线传感器网络被应用于很多民用领域,如环境与生态监测、健康监护、家庭自动化以及交通控制等。无线传感器网络被认为是影响人类未来生活的重要技术之一,这一新兴技术为人们提供了一种全新的获取信息、处理信息的途径。由于 WSN 本身的特点,使得它与现有的传统网络技术之间存在较大的区别,给人们提出了很多新的挑战。本节将介绍无线传感器网络的特点、结构、协议栈和应用。

## 4.2.1　定义

无线传感器网络(Wireless Sensor Network,WSN)是由部署在监测区域内大量的具有无线通信与计算能力的微小传感器节点,通过无线通信方式形成的一个多跳的自组织的网络系统,其目的是协作地感知、采集和处理网络覆盖区域中被感知对象的信息,并发送给观察者。传感器、感知对象和观察者构成了无线传感器网络的 3 个要素。

传感器网络实现了数据的采集、处理和传输 3 种功能。它与通信技术和计算机技术共同构成信息技术的三大支柱。

## 4.2.2　发展历史

传感器网络的发展历程分为 3 个阶段:传感器→无线传感器→无线传感器网络(大量微型、低成本、低功耗的传感器节点组成的多跳无线网络)。

第一阶段:出现在 20 世纪 70 年代。使用具有简单信息信号获取能力的传统传感器,采用点对点传输、连接传感控制器构成。最早可以追溯至越战时期使用的传统的传感器系统。美军在胡志明部队向南方游击队输送物资的秘密通道上,投放了 2 万多个"热带树"传感器。"热带树"实际上是由震动和声响传感器组成的系统,它由飞机投放,落地后插入泥土中,只露出伪装成树枝的无线电天线,因而被称为"热带树"。只要对方车队经过,传感器探测出目标产生的震动和声响信息,自动发送到指挥中心,美机立即展开追杀,总共炸毁或炸坏 4.6 万辆卡车。

第二阶段:20 世纪 80 年代至 90 年代。主要是美军研制的分布式传感器网络系统、海

军协同交战能力系统、远程战场传感器系统等。这种现代微型化的传感器具备感知能力、计算能力和通信能力。

第三阶段：这个阶段的传感器网络技术的特点在于网络传输自组织、节点设计低功耗。2000 年，美国加州大学伯克利分校发布了传感器节点专用操作系统 TinyOS，后续又推出专用程序设计语言 nesC。2001 年，伯克利分校又推出 Mica 系列传感器节点产品。TinyOS 和 Mica 取得了巨大的成功，直到今天它们仍然得到了广泛的应用。2001 年，ZigBee 联盟成立，并对无线传感器网络的通信协议进行了全面的标准化。2002 年，美国国家重点实验室——橡树岭实验室——提出了"网络就是传感器"的论断。

传感器网络技术诞生至今也不过几十年的时间，最近更是得到了美国之外欧洲、中国和日韩等国的重视和关注，目前其发展前沿也在不断延伸。总体说来，大致可以将其发展趋势划分为两大类：其一是设计用于完成特殊任务的无线传感器网络，如无线多媒体传感器网络和无线传感执行网络；其二是设计用于特殊应用环境下工作的无线传感器网络，如水下环境和地下环境。

### 4.2.3 无线传感网的特点

**1. 大规模**

为了获取精确信息，在监测区域通常部署大量传感器节点，可能达到成千上万，甚至更多。传感器网络的大规模性包括两方面的含义：一方面是传感器节点分布在很大的地理区域内，如在原始大森林采用传感器网络进行森林防火和环境监测，需要部署大量的传感器节点；另一方面，传感器节点部署很密集，在面积较小的空间内，密集部署了大量的传感器节点。

传感器网络的大规模性具有如下优点：通过不同空间视角获得的信息具有更大的信噪比；通过分布式处理大量的采集信息能够提高监测的精确度，降低对单个传感器节点的精度要求；大量冗余节点的存在，使得系统具有很强的容错性能；大量节点能够增大覆盖的监测区域，减少洞穴或者盲区。

**2. 自组织**

在传感器网络应用中，通常情况下传感器节点被放置在没有基础结构的地方，传感器节点的位置不能预先精确设定，节点之间的相互邻居关系预先也不知道，如通过飞机播撒大量传感器节点到面积广阔的原始森林中，或随意放置到人不可到达或危险的区域。这样就要求传感器节点具有自组织的能力，能够自动进行配置和管理，通过拓扑控制机制和网络协议自动形成转发监测数据的多跳无线网络系统。

网络中节点通信距离有限，一般在几十到几百米范围内，节点只能与它的邻居直接通信。如果希望与其射频覆盖范围之外的节点进行通信，则需要通过中间节点进行路由。网络的多跳路由使用网关和路由器来实现，而无线传感器网络中的多跳路由是由普通网络节点完成的，没有专门的路由设备。这样每个节点既可以是信息的发起者，也可以是信息的转发者。

**3. 动态性**

传感器网络的拓扑结构可能因为下列因素而改变：①环境因素或电能耗尽造成的传感器节点故障或失效；②环境条件变化可能造成无线通信链路带宽变化，甚至时断时通；③传感器网络的传感器、感知对象和观察者这三要素都可能具有移动性;④新节点的加入。这就要求传感器网络系统要能够适应这种变化,具有动态的系统可重构性。

**4. 可靠性**

WSN 特别适合部署在恶劣环境或人类不宜到达的区域,节点可能工作在露天环境中,遭受日晒、风吹、雨淋,甚至遭到人或动物的破坏。传感器节点往往采用随机部署,如通过飞机撒播或发射炮弹到指定区域进行部署。这些都要求传感器节点非常坚固,不易损坏,适应各种恶劣环境条件。由于监测区域环境的限制以及传感器节点数目巨大,不可能人工"照顾"每个传感器节点,网络的维护十分困难甚至不可维护。因此,传感器网络的软硬件必须具有健壮性和容错性。

**5. 以数据为中心**

传感器网络是任务型的网络,脱离传感器网络谈论传感器节点没有任何意义。传感器网络中的节点采用节点编号标识,节点编号是否需要全网唯一取决于网络通信协议的设计。由于传感器节点随机部署,构成的传感器网络与节点编号之间的关系是完全动态的,表现为节点编号与节点位置没有必然联系。用户使用传感器网络查询事件时,直接将所关心的事件通告给网络,而不是通告给某个确定编号的节点。网络在获得指定事件的信息后汇报给用户。这种以数据本身作为查询或传输线索的思想更接近于自然语言交流的习惯。所以通常说传感器网络是一个以数据为中心的网络。

**6. 集成化**

传感器节点的功耗低、体积小、价格便宜,实现了集成化。其中,微机电系统技术的快速发展为无线传感器网络节点实现上述功能提供了相应的技术条件,在未来,类似"灰尘"的传感器节点也将会被研发出来。

**7. 应用相关的网络**

传感器网络用来感知客观物理世界,获取物理世界的信息量。客观世界的物理量多种多样,不可穷尽。不同的传感器网络应用关心不同的物理量,因此对传感器的应用系统也有多种多样的要求。不同的应用背景对传感器网络的要求不同,其硬件平台、软件系统和网络协议必然会有很大差别。所以传感器网络不能像 Internet 一样,有统一的通信协议平台。对于不同的传感器网络应用虽然存在一些共性问题,但在开发传感器网络应用中,更关心传感器网络的差异。只有让系统更贴近应用,才能做出最高效的目标系统。针对每一个具体应用来研究传感器网络技术,这是传感器网络设计不同于传统网络的显著特征。

### 4.2.4　传感器网络结构

**1. 组成**

传感器网络系统通常包括传感器节点(sensor node)、汇聚节点(sink node)和管理节点。

大量传感器节点随机部署在监测区域内部或附近,能够通过自组织方式构成网络。传感器节点监测的数据沿着其他传感器节点逐跳地进行传输,在传输过程中监测数据可能被多个节点处理,经过多跳后路由到汇聚节点,最后通过互联网或卫星到达管理节点,如图4-4所示。用户通过管理节点对传感器网络进行配置和管理,发布监测任务以及收集监测数据。

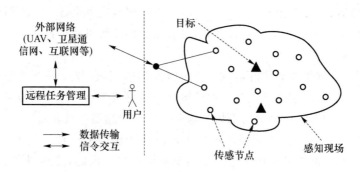

图 4-4　传感器网络结构

**2. 传感器节点网络拓扑**

传感器节点是信息采集终端,也是网络连接的起始点,各类传感器节点和路由节点通过各种拓扑形态将感知数据传送至传感器网络网关。传感器网关是感知数据向网络外部传递的有效设备,通过网络适配和转换连接至传输层,再连接至传感器网络应用服务层。针对不同应用场景、物理环境、节点规模,感知层需选取合理的网络拓扑和传输方式。其中,传感器节点(终端节点/路由节点)、汇聚节点(网关)构成的感知层存在许多拓扑结构,如星型、树型、网状拓扑等,如图 4-5 所示。

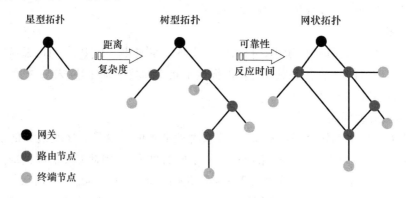

图 4-5　感知层网络拓扑图

在传感器网络中,网络的拓扑结构控制与优化有着十分重要的意义,主要表现在以下几个方面。

（1）影响整个网络的生存时间

传感器网络节点一般采用电池供电,节省能量是网络设计主要考虑的问题之一。拓扑控制的一个重要目标就是在保证网络连通性和覆盖度的情况下,尽量合理高效地使用网络能量,延长整个网络的生存时间。

（2）减小节点间通信干扰,提高网络通信效率

一方面,传感器网络中节点通常密集部署,如果每个节点都以大功率进行通信,会加剧节点之间的干扰,降低通信效率,并造成节点能量的浪费。另一方面,如果选择太小的发射功率,会影响网络的连通性。所以,拓扑控制中的功率控制技术是解决这个矛盾的重要途径之一。

（3）为路由协议提供基础

在传感器网络中,只有活动的节点才能够进行数据转发,而拓扑控制可以确定由哪些节

点作为转发节点,同时确定节点之间的邻居关系。

（4）影响数据融合

传感器网络中的数据融合指传感器节点将采集的数据发送给骨干节点,骨干节点进行数据融合,并把融合结果发送给数据收集节点。而骨干节点的选择是拓扑控制的一项重要内容。

（5）弥补节点失效的影响

传感器节点可能部署在恶劣环境中、应用在军事中甚至部署在敌方区域中,所以很容易受到破坏而失效。这就要求网络拓扑结构具有健壮性以适应这种情况。

传感器网络拓扑控制主要研究的问题是:在满足网络覆盖度和连通度的前提下,通过功率控制和骨干网节点选择,剔除节点之间不必要的通信链路,形成一个数据转发的优化网络结构。具体地讲,传感器网络中的拓扑控制按照研究方向可以分为两类:节点功率控制和层次型拓扑结构组织。功率控制机制调节网络中每个节点的发射功率,在满足网络连通度的前提下,均衡节点的单跳可达邻居数目。层次型拓扑控制利用分簇机制,让一些节点作为簇头节点,由簇头节点形成一个处理并转发数据的骨干网,其他非骨干网节点可以暂时关闭通信模块,进入休眠状态以节省能量。

**3. 各部分功能**

传感器节点处理能力、存储能力和通信能力相对较弱,通过小容量电池供电。从网络功能上看,每个传感器节点除了进行本地信息收集和数据处理外,还要对其他节点转发来的数据进行存储、管理和融合,并与其他节点协作完成一些特定任务。

汇聚节点的处理能力、存储能力和通信能力相对较强,它是连接传感器网络与 Internet 等外部网络的网关,实现两种协议间的转换,同时向传感器节点发布来自管理节点的监测任务,并把 WSN 收集到的数据转发到外部网络上。汇聚节点既可以是一个具有增强功能的传感器节点,该节点有足够的能量供给,从而使 Flash 和 SRAM 中的所有信息能传输到计算机中,通过汇编软件,可很方便地把获取的信息转换成汇编文件格式,从而分析出传感节点所存储的程序代码、路由协议及密钥等机密信息,同时还可以修改程序代码,并加载到传感节点中。

管理节点用于动态地管理整个无线传感器网络。传感器网络的所有者通过管理节点访问无线传感器网络的资源。

### 4.2.5　无线传感器网络协议栈

WSN 协议栈多采用五层协议:应用层、传输层、网络层、数据链路层、物理层,与以太网协议栈的五层协议相对应,如图 4-6 所示。另外,协议栈还应包括能量管理器、拓扑管理器和任务管理器。这些管理器使得传感器节点能够按照能源高效的方式协同工作,在节点移动的传感器网络中转发数据,并支持多任务和资源共享。各层协议和管理器的功能如下所示。

物理层一般采用 802.15.4 的物理层,负责传送比特流给 MAC 层重新组合成数据帧;物理层提供简单但健壮的信号调制和无线收发技术;数据链路层负责数据成帧、帧检测、媒体访问和差错控制,并保证无线传感器网络设备间可靠、安全、无误、实时地传输数据;网络层主要由寻址、路由、分段和重组、管理服务等功能模块组成,面向工程提供端到端的可靠通

信;传输层负责数据流的传输控制,是保证通信服务质量的重要部分;应用层由应用子层、用户应用进程、设备管理应用进程构成。应用子层提供通信模式、聚合与解析、应用层安全和管理服务等功能;用户应用进程包含的功能模块为多个用户应用对象;设备管理应用进程包含的功能模块包括网络管理模块、安全管理模块和管理信息库。

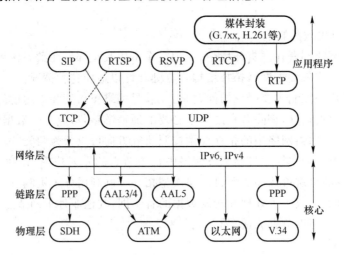

图 4-6　无线传感器协议栈示意图

经过十几年的发展,已出现了大量的 WSN 协议,如 MAC 层的 S-MAC、T-MAC、BMAC、XMAC、ContikiMAC 等,网络层的 AODV、LEACH、DYMO、HiLOW、GPSR 等。不过这些均属于私有的协议,均针对特定的应用场景进行优化,适用范围较窄,由于缺乏标准,推广十分困难,对产业化十分不利。面对这种情况,国际标准化组织参与到无线传感器网络的标准制定中来,希望通过共同努力,制定出适用于多行业的、低功耗的、短距离的无线自组网协议。

WSN 相关的标准如下所示。

① IEEE 802.15.4,属于物理层和 MAC 层标准,由于 IEEE 组织在无线领域的影响力,以及 TI、ST、Ember、Freescale、NXP 等著名芯片厂商的推动,已成为 WSN 的事实标准。

② ZigBee,该标准在 IEEE 802.15.4 之上,重点制定网络层、安全层、应用层的标准规范,先后推出了 ZigBee 2004、ZigBee 2006、ZigBee 2007/ ZigBee PRO 等版本。此外,ZigBee 联盟还制定了针对具体行业应用的规范,如智能家居、智能电网、消费类电子等领域,旨在实现统一的标准,使得不同厂家生产的设备相互之间能够通信。值得说明的是,ZigBee 在新版本的智能电网标准 SEP 2.0 已经采用新的基于 IPv6 的 6LoWPAN 规范,随着智能电网的建设,ZigBee 将逐渐被 IPv6/6LoWPAN 标准所取代。与 ZigBee 类似的标准还有 z-wave、ANT、Enocean 等,相互之间不兼容,不利于产业化的发展。

③ ISA100.11a,国际自动化协会 ISA 下属的工业无线委员会 ISA100 发起的工业无线标准。

④ WirelessHART,国际上几个著名的工业控制厂商共同发起的,致力将 HART 仪表无线化的工业无线标准。

⑤ WIA-PA,中国科学院沈阳自动化所参与制定的工业无线国际标准。

此外,互联网标准化组织 IETF 也看到了无线传感器网络(或者物联网)的广泛应用前景,也加入到相应的标准化制定中。以前许多标准化组织认为 IP 技术过于复杂,不适合低功耗、资源受限的 WSN,因此都是采用非 IP 技术。在实际应用中,如 ZigBee 接入互联网时需要复杂的应用层网关,也不能实现端到端的数据传输和控制。IETF 和许多研究者发现了存在的这些问题,尤其是 Cisco 的工程师基于开源的 uIP 协议实现了轻量级的 IPv6 协议,证明了 IPv6 不仅可以运行在低功耗资源受限的设备上,而且比 ZigBee 更加简单,彻底改变了大家的偏见,之后基于 IPv6 的无线传感器网络技术得到了迅速发展。IETF 已经完成了核心的标准规范,包括 IPv6 数据报文和帧头压缩规范 6LoWPAN,面向低功耗、低速率、链路动态变化的无线网络路由协议 RPL,以及面向无线传感器网络应用的应用层标准 CoAP,相关的标准规范已经发布。IETF 已组织成立了 IPSO 联盟,推动该标准的应用,并发布了一系列白皮书。IPv6/6LoWPAN 已经成为许多其他标准的核心,包括智能电网 ZigBee SEP2.0、工业控制标准 ISA100.11a、有源 RFID ISO1800-7.4(DASH)等。IPv6/6LoWPAN 具有诸多优势:可以运行在多种介质上,如低功耗无线、电力线载波、WiFi 和以太网,有利于实现统一通信;IPv6 可以实现端到端的通信,无须网关,降低成本;6LoWPAN 中采用 RPL 路由协议,路由器可以休眠,也可以采用电池供电,应用范围广,而 ZigBee 技术路由器不能休眠,应用领域受到限制。6LoWPAN 已经有了大量开源软件实现,最著名的是 Contiki、TinyOS 系统,已经实现完整的协议栈,全部开源,完全免费,已经在许多产品中得到应用。IPv6/6LoWPAN 协议将随着无线传感器网络以及物联网的广泛应用,很可能成为该领域的事实标准。

### 4.2.6　无线传感器网络的应用

无线传感器网络所具有的众多类型的传感器,可探测包括地震、电磁、温度、湿度、噪声、光强度、压力、土壤成分、移动物体的大小、速度和方向等周边环境中多种多样的现象。由于技术等方面的制约,WSN 的大规模商用还有待时日。但随着微处理器体积的缩小和性能的提升,已经有中小规模的 WSN 在工业市场上开始投入商用。其应用主要集中在以下领域。

#### 1. 环境监测

随着人们对于环境问题的关注程度越来越高,需要采集的环境数据也越来越多,无线传感器网络的出现为随机性的研究数据获取提供了便利,并且还可以避免传统数据收集方式给环境带来的侵入式破坏。例如,英特尔研究实验室研究人员曾经将 32 个小型传感器连进互联网,以读出缅因州"大鸭岛"上的气候,用来评价一种海燕巢的条件。

传感器网络在环境研究方面可用于监视农作物灌溉情况、土壤空气情况、牲畜和家禽的环境状况和大面积的地表监测等,可用于行星探测、气象和地理研究、洪水监测等,还可以通过跟踪鸟类、小型动物和昆虫进行种群复杂度的研究等。类似地,传感器网络可实现对森林环境的监测和火灾报告,传感器节点被随机密布在森林之中,平常状态下定期报告森林环境数据,当发生火灾时,这些传感器节点通过协同合作会在很短的时间内将火源的具体地点、火势的大小等信息传送给相关部门。

#### 2. 医疗护理

传感器网络在医疗系统的应用包括监测和传输人体的各种生理数据、追踪和监控医院内医生和患者的行动、医院的药物管理等方面。如果在住院病人身上安装特殊用途的传感

器节点,如心率和血压监测设备,医生利用传感器网络就可以随时了解被监护病人的病情,发现异常能够迅速抢救。将传感器节点按药品种类分别放置,计算机系统即可帮助辨认所开的药品,从而减少病人用错药的可能性。还可以利用传感器网络长时间地收集人体的生理数据,这些数据对了解人体活动机理和研制新药品都是非常有用的。

罗彻斯特大学的科学家使用无线传感器创建了一个智能医疗房间,使用微尘来测量居住者的重要征兆(血压、脉搏和呼吸)、睡觉姿势以及每天 24 小时的活动状况。英特尔也推出了基于 WSN 的家庭护理技术。该技术是作为探讨应对老龄化社会的技术项目(Center for Aging Services Technologies,CAST)的一个环节开发的。该系统通过在鞋、家具以及家用电器等家中道具和设备中嵌入半导体传感器,帮助老龄人士、阿尔茨海默氏病患者以及残障人士的家庭生活。利用无线通信将各传感器联网可高效传递必要的信息从而方便接受护理。而且还可以减轻护理人员的负担。英特尔主管预防性健康保险研究的董事 Eric Dishman 称,"在开发家庭用护理技术方面,无线传感器网络是非常有前途的领域。"

**3. 军事领域**

由于无线传感器网络具有可快速部署、可自组织、隐蔽性强、密集型、随机分布和高容错性的特点,使其非常适合应用于恶劣的战场环境中,利用传感器网络能够实现对敌军兵力和装备的监控、战场的实时监视、目标的定位、战场评估、核攻击和生物化学攻击的监测和搜索等功能。通过飞机或炮弹直接将传感器节点播撒到敌方阵地内部,或者在公共隔离带部署传感器网络,就能够非常隐蔽而且近距离准确地收集战场信息,迅速获取有利于作战的信息。传感器网络是由大量的随机分布的节点组成的,即使一部分传感器节点被敌方破坏,剩下的节点依然能够自组织地形成网络。传感器网络可以通过分析采集到的数据,得到十分准确的目标定位,从而为火控和制导系统提供精确的制导。利用生物和化学传感器,可以准确地探测到生化武器的成分,及时提供情报信息,有利于正确防范和实施有效的反击。

美国国防部远景计划研究局已投资几千万美元,帮助大学进行"智能尘埃"传感器技术的研发。哈伯研究公司总裁阿尔门丁格预测:智能尘埃式传感器及有关的技术销售将从 2004 年的 1 000 万美元增加到 2010 年的几十亿美元。

**4. 目标跟踪**

DARPA 支持的 Sensor IT 项目探索如何将 WSN 技术应用于军事领域,实现所谓"超视距"战场监测。UCB 的教授主持的 Sensor Web 是 Sensor IT 的一个子项目。原理性地验证了应用 WSN 进行战场目标跟踪的技术可行性,翼下携带 WSN 节点的无人机(UAV)飞到目标区域后抛下节点,最终随机洒落在被监测区域,利用安装在节点上的地震波传感器可以探测到外部目标,如坦克、装甲车等,并根据信号的强弱估算距离,综合多个节点的观测数据,最终定位目标,并绘制出其移动的轨迹。虽然该演示系统在精度等方面还远达不到装备部队用于实战的要求,这种战场侦察模式尚未应用于实战,但随着美国国防部将其武器系统研制的主要技术目标从精确制导转向目标感知与定位,相信 WSN 提供的这种新颖的战场侦察模式会受到军方的关注。

**5. 智能家居**

传感器网络能够应用在家居中。在家电和家具中嵌入传感器节点,通过无线网络与 Internet 连接在一起,将会为人们提供更加舒适、方便和更具人性化的智能家居环境。利用远程监控系统,可完成对家电的远程遥控,如可以在回家之前半小时打开空调,这样回家的时候就可以直接享受适合的室温,也可以遥控电饭锅、微波炉、电冰箱、电话机、电视机、录像机、计算机等,按照自己的意愿完成相应的煮饭、烧菜、查收电话留言、选择录制电视和电台节目以及下载网上资料到计算机中等工作,也可以通过图像传感设备随时监控家庭安全情况。利用传感器网络可以建立智能幼儿园,监测孩童的早期教育环境,跟踪孩童的活动轨迹,可以让父母和老师全面地研究学生的学习过程。

**6. 建筑物状态监控**

建筑物状态监控(Structure Health Monitoring,SHM)是利用传感器网络来监控建筑物的安全状态。由于建筑物不断修补,可能会存在一些安全隐患。虽然地壳偶尔的小振动可能不会带来看得见的损坏,但是也许会在支柱上产生潜在的裂缝,这个裂缝可能会在下一次地震中导致建筑物倒塌。用传统方法检查,往往要将大楼关闭数月。采用传感器网络,可以让大楼、桥梁和其他建筑物能够自身感觉并意识到它们本身的状况,使得安装了传感器网络的智能建筑自动告诉管理部门它们的状态信息,并且能够自动按照优先级来进行一系列自我修复工作。未来的各种摩天大楼可能就会装备这种类似红绿灯的装置,从而建筑物可自动告诉人们当前是否安全、稳固程度如何等信息。

**7. 其他用途**

WSN还被应用于一些危险的工业环境如井矿、核电厂等,工作人员可以通过它来实施安全监测,也可以用在交通领域作为车辆监控的有力工具。此外还可以应用在工业自动化生产线等诸多领域,英特尔正在对工厂中的一个无线网络进行测试,该网络由40台机器上的210个传感器组成,这样组成的监控系统将可以大大改善工厂的运作条件。它可以大幅降低检查设备的成本,同时由于可以提前发现问题,因此将能够缩短停机时间,提高效率,并延长设备的使用时间。尽管无线传感器技术仍处于初步应用阶段,但已经展示出了非凡的应用价值,相信随着相关技术的发展和推进,一定会得到更大的应用。

# 4.3　无线传感网 MAC 层

## 4.3.1　探讨 MAC 协议的必要性

无线传感网络有传感器节点能量受限、传感器节点失效概率大、传感器节点计算处理能力有限、通信带宽有限、以数据为中心、高密度、大规模随机分布等特征,这些特点对 MAC 协议的设计提出了新的挑战。

**1. MAC 层考虑的因素**

① 能量效率:传感器网络的节点一般是以干电池、纽扣电池等提供能量,而且电池能量通常难以进行补充,为了长时间保证传感器网络的有效工作,MAC 协议在满足应用要求的前提下,应尽量节省使用节点的能量。各种活动所耗能源如表 4-1 所示。

② 可扩展性:由于传感器节点数目、节点分布密度等在传感器网络生存过程中不断变化,节点位置也可能移动,还有新节点加入网络的问题,所以无线传感器网络的拓扑结构具有动态性。MAC 协议也应具有可扩展性,以适应这种动态变化的拓扑结构。

③ 网络效率:网络效率包括网络的公平性、实时性、网络吞吐量以及带宽利用率等。

④ 算法复杂度。

⑤ 与其他层协议的协同。

表 4-1 各种活动所耗能源

| | |
|---|---|
| 空闲监听 | 节点在不需要发送数据时一直保持对无线信道的空闲侦听(idle listening),以便接收可能传输给自己的数据。这种过度的空闲侦听或者没必要的空闲侦听同样会造成节点能量的浪费 |
| 冲突 | 如果 MAC 协议采用竞争方式使用共享的无线信道,节点在发送数据的过程中,可能会引起多个节点之间发送的数据产生碰撞。这就需要重传发送的数据,从而消耗节点更多的能量 |
| 控制开销 | 在控制节点之间的信道分配时,如果控制消息过多,也会消耗较多的网络能量 |
| 串扰 | 节点接收并处理不必要的数据。这种串音(over hearing)现象造成节点的无线接收模块和处理器模块消耗更多的能量 |

在选择和设计 MAC 协议的时候,目前普遍认为上述重要性依次递减。

**2. MAC 协议分类**

① 分配信道的方式:竞争型、分配型、混合型。

② 使用的信道数目:单信道、双信道、多信道。

③ 网络类型:同步网络、异步网络。

### 4.3.2 竞争型 MAC 协议

基于竞争的 MAC 协议有如下 3 个优点:①按需配给信道,故可以较理想地满足节点数和网络载荷的变动;②可以较广泛地应对网络拓扑变动;③不需要繁琐的时间同步。这样的协议主要有 S-MAC(Sensor-Multiple Access Control)协议、T-MAC(Timeout-Multiple Access Control)协议、Sift 协议和 WiseMAC 协议。下面从它们的核心机制、特点以及优缺点分别展开。

**1. 基本思想**

(1) 发送时主动抢占,CSMA 方式(载波侦听多路访问)

CSMA/CA 主要使用两种方法来避免碰撞:送出资料前,侦听媒体状态,等没有人使用媒体,维持一段时间后,再等待一段随机的时间后依然没有人使用,才送出资料。由于每个装置采用的随机时间不同,所以可以减少碰撞的机会。送出资料前,先送一段小小的请求传送封包(Request To Send,RTS)给目标端,等待目标端回应封包后,才开始传送。

(2) 按需分配

这种协议具有网络流量和规模变化自适应、网络拓扑变化自适应、算法较简单的优点。

**2. S-MAC 协议**

在 2002 年,加州大学(University of Southern California)的叶伟等人主张在以 IEEE 802.11 协议的 SC9636-006 的铺垫上,推出一种新的有关如何在传感器网络中节省消耗的能量的设计,适用于多跳网络。该协议适用于数据量少、可进行数据的处理和融合节点协作完成共同的任务、可以容忍一定程度的通信延迟的网络。

此协议利用周期性睡眠、自适应监听、串扰避免和分片传输机制 4 种关键技术来改善能量消耗大这一缺陷。在一个调度周期内,会有不同调度方式的同步信号数据包被节点所接收,节点会默认一种调度方式并以数据包的形式广播传送出去。通常情况下,若邻居节点只有一个,则节点会选一种新的调度方式;若不止一个,则节点协调这两种不同的调度方式,然后广播一种能保持最大长度监听时间的调度方式。采用流量自适应监听是为了防止通信时间延迟:停止通信后,邻节点被唤醒来保持一段时间的监听,不需要等到下一个监听周期,而是立即收到信息,最终使得延迟时间缩短。

S-MAC 协议的串扰避免机制一方面选用物理侦听,处理了隐藏节点问题并避免冲突,另一方面选用虚拟侦听,节点在收到 NAV(Network Allocation Vector)的时候将迅速休眠,以防止各信道之间产生不同的信号。此外,该协议还会采用分片传输技术,即把大信息包划分为若干个小数据包并将它们一次传递,但是只使用一个 RTS/CTS(Request To Send/Clear To send)控制分组作为交互将它们同时传递,使能量的消耗和传送时间减少。

**3. T-MAC 协议**

T-MAC 协议动态地调整一个调度周期内的活跃时间长度,以改变此周期内所占的时间比率来传递数据,属于一种自适应调整占空比的方法。协议是以一种突发的方式来发送数据,并不断地在周期时间内唤醒节点,使其处于活跃状态,当与邻居通信后,便进入睡眠,当开始下一个周期后才被唤醒。同时,又有新的消息将缓存在传送队列中,节点之间使用 RTS-CTS-DATA-ACK 的方法进行单方向通信,来保证可靠的传输。

此协议采用同步周期性收听、RTS 操作和的选择,以及可选择串扰避免机制这 3 种关键技术来实现。在数据传输的过程中,采取在每个周期内不断地发送 SYNC 帧来维持节点之间的同步。首先节点会监听一段时间,当在此时间内,节点未接收到 SYNC 帧,将采用某一默认的调度方式,并以 SYNC 帧形式来广播。

RTS 发送结束到开始发送 CTS 的过程所用时 $T_A$ 的取值范围为:$T_A > C + R + T$,其中 $C$ 为竞争信道用时,$R$ 为发送 RTS 所需要时间。另外,T-MAC 协议中的串扰避免机制是可以选择的。

早睡问题即指节点在邻居节点准备向其传送数据时进入睡眠。解决早睡问题的方式有:

① 预请求发送 FRTS 机制(Future Request-To-Send),其作用机制如图 4-7 所示;

② 满缓存区优先机制,当缓冲区接近饱和时,节点不再给 RTS 帧答复 CTS 帧,而是立即把 RTS 帧发给缓冲区内数据包的目的节点,从而构建数据传输。这个方法降低早睡发生的频率,但会在传送较大的数据量时加大产生冲突的风险。

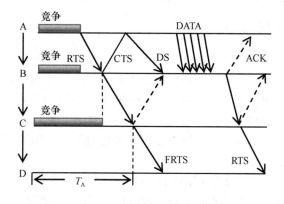

图 4-7 预请求发送 FRTS 机制原理图

**4. Sift 协议**

该协议充分考虑了 WSN 的 3 个特点:事件驱动的 WSN 分别在事件的检测和传递上有空间、时间的相关性;并非所有节点都需要报告事件;感知事件的节点密度是时变的。而它的设计目标是:当共享信道有 $N$ 个节点一同检测到相同事件时,期望有小于 $N$ 的 $R$ 个节点可于尽量短的时间里不冲突地将检验过的信息发出,同时抑制剩余 $N-R$ 个节点的消息发送。

基于事件驱动的特点和节点工作的特点,Sift 协议避开了发送窗口的数量 CW 较大时导致时间延迟偏长的可能性,而选用 CW 值不变的方法。先假设节点传送信息时,有 $N$ 个节点在竞争发送,则其工作过程为:如果首时隙内原节点没有传达信息,其他节点也没传达,则节点就减掉原设的发送节点的个数,同时提高节点在次时隙中传输数据的概率;如果仍然没有节点选在第二个时隙,则节点继续减去假定个数,再进一步加大选在下一时隙传输数据的概率……于是我们得到第 $r$ 个节点发送数据时的概率公式:

$$P_r = \frac{(1-\alpha)\alpha^{\mathrm{CW}}}{1-\alpha^{\mathrm{CW}}}\alpha^{-r}, r=1,2,\cdots,\mathrm{CW}$$

Sift 协议巧妙地利用 WSN 流量的突发性及局部相关性的特点,能够在各个时隙使用不同的传输概率,从而使短时间里部分节点可以不冲突地传播信息,达到了既节能又省时的效果。但此协议只从传输数据的节点出发改善问题,对接收信号节点的空闲状态考虑欠周,要求节点之间保持同步,而唤醒时间又会随着节点周期睡眠用时增大而延长,这样就加大了传输调控成本,因而仍然需要减短前导序列长。

**5. WiseMAC 协议**

WiseMAC 协议是针对 Sift 协议的不足加以改良之后产生的,它采用了动态调整前导长度的办法。接到信号的节点会在最近一次的 ACK 报文里夹带下回唤醒时间,让传输节点获知每一个下游节点的调度,从而缩短前导长度,而且以随机唤醒前导的办法来降低固定前导冲突的概率。

这种方法能比较理想地应对网络的流量变动,不过因为要缓存邻节点的信道侦听时长,使得它采样调度表缓存开销较大,增加了实现该协议的难度,这种缺点在网络密度较大时更为突出,而且即使通过非坚持型 CSMA 访问去减少空闲监听,依然不能解决隐藏终端的弊端。总之,WiseMAC 协议比较适合用于负载较小的访问控制。

### 4.3.3 分配型 MAC 协议

分配式 MAC 协议的信道访问方式主要有时分多址(TDMA)、频分多址(FDMA)和码分多址(CDMA)。它们分别将一个物理信道不同时槽、频率、正交码映射为不同的节点,并静态或动态地分配给不同的客户。例如,当使用时分多址(TDMA)调度方式的时候,数据流分成帧,帧又分成不同的时槽,每个用户被分配一个时槽,每个节点通过其特定的时槽即可实现无冲突访问信道。这种方式可以根据网络通信流量最大限度地节省能量。优点是无冲突,无隐藏终端问题,易于休眠。

分配式 MAC 协议目前主要有 LEACH 协议、DEANA 协议、TRAMA 协议、BMA 协议和 D-MAC 协议。下面从它们的核心机制、特点以及优缺点分别展开。

**1. LEACH 协议**

LEACH 协议(Low-Energy Adaptive Clustering Hierarchy,低功耗自适应集簇分层型

协议)基于 LEACH 算法。该算法平分整个网络的能量负载于传感器的每一个节点中。该协议采用基于 TDMA/CDMA 的 MAC 层机制,融合了高效能的集群路由和媒体访问的思想,以及应用程序特定的数据聚合。LEACH 包含新的、分布式集群形成的技术,这让它能够自组织大量的节点,负载在所有节点上均匀分布,并且能够通过分布式信号处理来节省通信资源。该协议可以减少能耗,但由于未说明簇头节点的分布情况,可能导致一些节点的周围不存在簇头节点,而另一区域均为簇头节点。此外,因为该协议假设全部节点的初始能量等同,任何节点均可以与汇聚节点直接通信,且成为簇头的节点均消耗相等的能量,所以该协议不适合规模较大的无线传感网络和节点能量不均衡的网络。

### 2. DEANA 协议

图 4-8 为 DEANA 协议(Distributed Energy-Aware Node Activation,分布式能量感知节点活动协议)的时间帧划分,且两阶段循环进行。在随机访问阶段,对节点进行了添加操作、删除操作以及时间同步操作。其控制时槽长度极短。该协议可以排除某些串音问题,但各个节点要求较精准的时间同步。

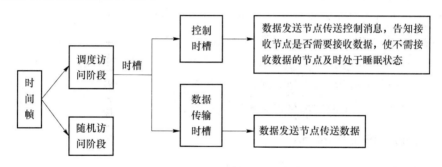

图 4-8　DEANA 协议的时间帧划分

### 3. TRAMA 协议

在 TDMA 机制的基础上,加入流量自适应技术,使得节点根据实际流量分配的时槽,来进行无冲突通信,减少空闲侦听比例,从而降低能量消耗。

通过 AEA 算法判断得出,节点共有 3 类存在的状态,依次是发送、接收和睡眠状态。其中,处于发送状态的节点在两跳邻居内,拥有最高优先权;处于接收状态的节点则为目前指定接收方。剩余的节点均处在睡眠状态。该协议需要节点具有较大的存储空间与较高的计算性能,应用于周期性数据采集及监测。

### 4. BMA 协议

BMA 协议(Bit-Map-Assisted)在 TDMA 机制的基础上,通过簇内分配时隙的方法,节点可以根据自身固有时隙实现与簇头的交流,从而规避空闲监听。每个周期由 3 个阶段组成:簇内节点请求、簇头广播、数据发送和接收。该协议不能适应网络流量变动,也不能完全利用信道。同时,簇头节点也需有较好的时钟同步、通信和计算性能,而且耗能较大。

### 5. D-MAC 协议

D-MAC 协议(Data gathering tree-based MAC)是在 S-MAC 和 T-MAC 协议的基础上,采用 ACK 应答机制和交错调度机制。节点被周期性地划分为如图所示的 3 个阶段,如图 4-9 中所示的机制保证了数据的连续传播。该协议解决了睡眠延时问题和数据转发停顿

问题,适用于边缘节点数据流量较小而中间节点数据流量较大的网络。但需较精确的时钟同步,并且该协议不适应规模较大的网络。

图 4-9　D-MAC 协议交错调度机制原理

### 4.3.4　混合型 MAC 协议

为了解决竞争式 MAC 协议能量效率不高,以及分配式 MAC 协议不能较好地适应网络拓扑结构变化的问题,混合式 MAC 协议综合以上各协议的优点,提升整体性能。混合式 MAC 协议主要有 Z-MAC 协议。

Z-MAC 协议(Zebra MAC)以载波侦听多路访问(CSMA)机制为基础。当竞争激烈时,引入 TDMA 机制处理信道冲突问题。竞争有所缓和后,便又采用 CSMA 机制,如此往复,在 CSMA 和 TDMA 两种机制之间转换。节点能够于任何时隙传送信息,但需先了解信道情况。通过 DRAND 算法给每一个节点特定的时隙,使其具有传送优先权。该协议的完成主要分为邻居发现、时隙分配、本地时间帧交换和全局时间同步 4 个过程。Z-MAC 协议在最初阶段对全局时钟同步的精确程度要求较高,并且传输延时较长,控制开销较大。

### 4.3.5　802.15.4 中的 MAC

IEEE 802.15.4 根据网络配置分别采用两种信道访问机制:在无信道使能的网络中采用无时隙的 CSMA/CA 机制;在信标使能的网络中采用带时隙的 CSMA/CA 机制。

协调器信标帧的发送标志着超帧的开始,然后依次是 CAP 访问时段和 CFP 访问时段。如果采用的是带时隙的 CSAM-CA,还需将 CAP 和 CFP 时段划分为多个时隙。超帧的最后是非活跃时段。

CAP 时段内采用 CSMA/CA 机制竞争访问信道;CFP 采用时分复用方式共享信道,每个活跃设备被分配各自的 GTS 时段,可以直接无冲突收发数据。各个时段的时间长度都由 MAC 层的 PIB 参数计算设定。在协议实现的时候,设置合适的参数可以使每个设备的活跃期只占超帧周期很短的一部分,设备大部分时间可以处于休眠状态,这可以为低能耗应用提供支持。

此外,协议还可以通过超帧方式实现多簇网络:每个簇在自己的活跃时段内传送数据,将各个簇的活跃时段完全错开。每个设备在活跃时段内与自己的簇头(协调器)通信,以此实现簇间的信道无冲突访问。不过这种方式需要整个网络保持精确的时钟同步,并且中间协调器既要维护本簇内的信标同步,又要与其父节点(也是一个协调器)实现信标同步。

由于 MAC 子层需要一段时间来处理从物理层接收到的数据,因此在发送一个数据帧后,需要一段帧空闲时段(IFS,Inter-frame Spacing),具体长度将视当前发送的帧长度而定,如果是需要应答的数据帧,IFS 将跟在应答帧之后。

# 4.4　无线传感网路由协议

无线传感器网络作为物联网的重要组成部分,具有广阔的应用前景。传统网络主要应用于用户间的数据通信和资源共享;相比之下,WSN 应用范围更加广泛,如环境监测、敌情侦查等。对于 WSN 路由协议,应用场景的不同会导致它们之间存在某些差异。

根据 WSN 中传感器节点的特性以及节点间数据传输的特征,可以将 WSN 路由协议分为:以数据为中心的路由、层次路由、地理位置路由以及基于网络流量和服务质量的路由。

## 4.4.1　以数据为中心的路由

传统网络中的路由协议通常是通过地址找到相对应的资源,即以地址为中心;而对于WSN,传感器节点的部署无规律。在这种情况下,节点的具体编号对用户来说并不重要,用户只需要得到融合后的、有价值的数据即可,即 WSN 主要以数据为中心。以数据为中心的路由协议包括:Flooding、Gossiping、SPIN、Directed Diffusion 和 Rumor。

### 1. Flooding 路由协议

Flooding 协议(洪泛路由协议)是一种传统的广播式路由协议。当环境中的某一传感器节点监测或接收到数据时,无条件地将数据转发给自己的邻居节点,原理如图4-10 所示。

Flooding 协议最突出的特点在于节点对数据进行"无条件转发",直到数据传遍整个网络或是达到规定的跳数上限为止。这一特点使得该协议容易实现,并且能较好地适应网络拓扑结构的改变。因此,它具有较强的

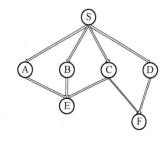

图 4-10　Flooding 协议原理图

健壮性,可以应用于军事领域或者恶劣环境。但该特点也给 Flooding 协议带来了一个致命的弱点,就是信息爆炸问题。图 4-10 中同一个数据包被 3 次发送给 E 节点,这对于 E 节点来说,极大地浪费了能量。如图 4-11 所示深色部分为 A、B 节点所能感知到的区域的重叠部分,如果重叠区域有事件发生,那么该事件信息将被发送给 C 两次。重叠问题普遍存在而且很难避免,并且会随着节点分布密集程度的增大而变得愈发严重。

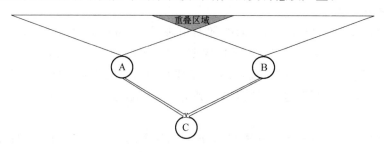

图 4-11　重叠问题

目前来讲,Flooding 协议过于浪费网络资源和节点能量,因此很少被直接运用,一般作为衡量标准去评价其他路由算法。

### 2. Gossiping 路由协议

Gossiping 协议在 Flooding 协议基础上演变而来。改进之处在于数据包被随机转发给某几个相邻节点,并非所有相邻节点,这可以在一定程度上控制信息内部爆炸问题。但是由于节点转发数据包时随机选取的相邻节点可能并不是所有相邻节点里面距离该节点较近的几个点,很可能使得数据到达目的节点的时延增大;或是出现跳数已达最大但数据仍未传送到目的节点所导致的信息传送失败问题。

### 3. SPIN 路由协议

SPIN 协议(Sensor Protocol for Information via Negotiation)基于 Flooding 协议,改进之处在于节点之间通过协商(Negotiation)的方式缓解数据冗余问题。该协议包含 3 种数据包类型:消息广播包(ADV)、数据请求包(REQ)和数据包(DATA)。

如图 4-12 所示,S 节点有新数据时则向其所有相邻节点发布 ADV 消息,假设 A 和 C 有该数据,则它们不回复给 S 任何消息;假设 B 没有该数据,则 B 需要回复 REQ 数据包,S 收到 REQ 数据包后将原始数据 DATA 发送给 B 节点。B 接收到 DATA 后与自己的数据进行融合并对 B 的相邻节点重复该过程。

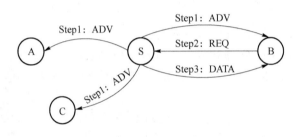

图 4-12　SPIN 协议原理

该路由协议的核心是基于元数据(Metadata)的协商过程。协议中采用"三次握手"机制,即节点只对回复 REQ 信息的节点发送原始数据,这相比给所有相邻节点发送原始数据而言,大大减少了冗余数据的传输。

该协议仍然有一些不足之处。若某一个节点收到多个相邻节点的 REQ 消息,这时需采用"退避算法",可能会增加时延。也可能会有某些节点对许多消息都"感兴趣",那么它将接收大量数据,这些节点的能量容易耗尽。

### 4. DD 路由协议

DD 协议(Directed Diffusion,定向扩散路由协议)中路径的建立过程需要经历 3 个阶段:"兴趣扩散"阶段,汇聚节点(Sink)采用周期性洪泛方式广播自己的"兴趣",即自己要接收何种类型的消息;"梯度建立"阶段,兴趣扩散路径即为数据传输路径,只是传输方向相反;"强化路径"阶段,即从"梯度建立"阶段所得到的路径中选取合适路径进行数据传输。如图 4-13 所示。

当加强路径中的某一段出现故障时,原加强路径上的节点会启动新的加强过程,从而建立新的加强路径,如图 4-14 所示。

DD 协议中路径加强机制可以显著提高数据的传输速率,但加强路径上的节点会消耗大量能量,为了确保能量均衡消耗,需要周期性替换加强路径,这将增加网络维护的难度。当某一加强路径出现故障并且暂未更新加强路径时,多次失败的发送过程也会增大端到时延并耗费部分节点的能量。

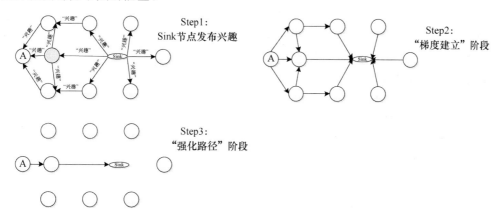

图 4-13 DD 协议实现过程

**5. Rumor 路由协议**

对于某些节点较少、需要传输的数据量较少或是已知事件发生区域的 WSN 来说，运用上面提及的几种路由协议将会带来一些不必要的开销。Rumor 协议（谣传路由协议）能够在一定程度上缓解这种问题，减少网络中的冗余数据量。

该协议中引入代理（Agent）消息概念，代理消息由感知到信息的传感器节点产生。Sink 节点产生查询消息，源节点产生代理消息，两者均在网络中随机传播，到两者传播路径出现交点为止，即构成一条完整的数据传输路径。如图 4-15 所示，实线为代理消息传播路径，虚线为查询消息传播路径，两条路径在 B 点处会合，从而形成一条完整的传输线路。

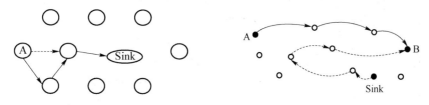

图 4-14 "加强路径"的修复 图 4-15 Rumor 路由协议原理

Rumor 协议使用单播随机转发方式能够在一定程度上减少网络的开销，但由于每个传感器节点需要维护的列表数目增加了，维护的难度也就增大了。协议中采用的随机转发方式无法保证数据传输的路径是最短路径，因此无法保证数据传输的时效性，并且容易出现环路。

### 4.4.2 层次路由

层次路由也叫集群结构路由，它通过引入簇的概念实现网络内节点的分层管理。簇头和簇成员各司其职，共同完成数据的传输。

**1. LEACH 协议**

LEACH 协议（Low-Energy Adaptive Clustering Hierarchy，低功耗自适应集簇分层型协议）通过特定的簇头选举算法确定哪些节点为某一个特定周期内的簇头，簇头通过广播方式告知其他节点自己是簇头。非簇头节点选择加入某个簇之后，会被分配固定的时间片用

于发送消息,簇头负责对后续的消息发送过程进行管理。

该协议通过对传感器节点的分层管理,优化网络体系结构,并且利用簇头节点的信息融合能力减少网络中的冗余数据。不足之处在于,通过簇头选举算法选举产生的多个簇头并不一定能够遍及整个网络,因此可能导致某些节点无法接收和发送数据。

**2. TTDD 路由协议**

TTDD 协议(Two-Tier Data Dissemination)相比其他 WSN 路由协议而言可以很好地处理 Sink 节点移动问题。传输数据前先以源节点为中心建立网格,最接近网格交叉点的节点负责转发数据。Sink 节点在其所处网格区间通过洪泛方式发起查询请求,距离 Sink 节点最近的转发节点作为直接转发节点并向其上游节点传送查询消息,直到查询消息传送到源节点为止。查询消息走过的路径即为数据传输的路径,但两者传送方向相反。该协议中定义了初级代理(PA)和直接代理(IA),以便于 Sink 节点在等待数据时可以继续移动。

TTDD 适用于节点分布较为密集的网络,代理机制的存在使得 Sink 节点即使是在等待查询数据时仍然可以继续移动,这更贴近实际的网络环境。但网格尺寸的确定对整个算法的效率来讲影响较大,因此划分合适大小的网格对于该算法来讲较为重要。

### 4.4.3 地理位置路由

对于 WSN 网络来讲,短距离、少跳数的传输通常情况下能够缩短传播时延并节省能量。节点可以利用一些地理位置信息选择合适的发送路径,从而提高网络性能。地理位置路由协议主要包括 GPSR 协议和 GEAR 协议。

**1. GPSR 路由协议**

GPSR 协议(Greedy Perimeter Stateless Routing)要求节点知道自己的地理位置,想要发送数据的节点利用贪婪算法选取转发节点。

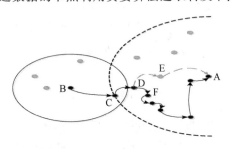

图 4-16 贪婪算法示意图

如图 4-16 所示,B 节点有数据需要发送,B 的邻居节点 C 比 B 节点离目的节点 A 更近,因此 B 将数据转发给 C。C 再根据贪婪算法重复此过程,当数据包传送到目的节点 A 时,此次传送过程才算结束。由图 4-16 不难发现,B→C→D→E→A 的传送距离比实线标出的线路更短,但是由于 F 点相比 E 点距离 D 点更近,因此 D 点选择把数据发送给 F 点。贪婪算法所产生的"局部优化"问题,可能会增加数据的传播时延。

GPSR 协议中不需要花费大量精力去维护网络拓扑结构,它既能支持静态 WSN,又能支持动态 WSN。但贪婪算法的使用可能导致协议实现过程中出现路由空洞问题,这时需要采用其他算法以达到整个路由算法收敛的目的,因此会在一定程度上增加传播时延。

**2. GEAR 协议**

GEAR 协议(Geographic and Energy Aware Routing)与 GPSR 协议都需要对目标区域分割成若干个子区域,但 GEAR 协议中消息是向子区域的中心位置发送的。GEAR 协议与 GPSR 协议不同之处在于,节点需要知道自身剩余能量,并根据位置和剩余能量两个要素按照一定权重计算代价。

GEAR 协议利用位置信息避免了查询消息的内部爆炸问题,同时它在选择转发路径时考虑了节点到达指定区域的代价,这其中涉及消息传送过程消耗的能量以及节点剩余能量,以此达到均衡消息的目的。但由于使用了贪婪算法,该协议的实现过程中也很容易出现路由空洞问题。

### 4.4.4 基于网络流量和服务质量的路由

对于 WSN 这个特殊的网络,传输路径的选择需要参考网络流量或是 QoS 性能指标,这时需要使用基于网络流量和服务质量的路由协议,如基于 QoS 的 SAR 协议和 SPEED 协议。

**1. SAR 协议**

SAR 协议(Sequential Assignment Routing)是首个在 WSN 中做到保证网络服务质量的路由协议。在该协议中,Sink 节点的所有一跳邻居节点都以它为根创建生成树,得到图 4-17 的第一部分;其他节点重复此过程,多个生成树的叠加可以得到图 4-17 的第二部分。在路径汇总图中,有多条可达 Sink 节点且具有不同 QoS 参数的路径可供选择。节点发送数据时,按照 QoS 以及能量剩余情况选择合适路径进行传输。

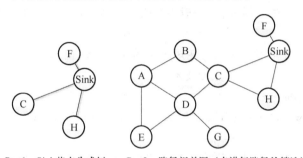

Part1:Sink节点生成树    Part2:路径汇总图(未进行路径的筛选)

图 4-17 SAR 协议原理图

SAR 协议在保证 QoS 的基础上,通过维护传感器节点和 Sink 节点间的多条路径,使得某个节点或某条路径出现故障时,网络仍可以正常运行,从而增强网络的健壮性。不足之处在于节点需存储大量冗余路由信息,不仅浪费资源还导致路由信息维护的难度增大。

**2. SPEED 协议**

SPEED 协议是一种 QoS 协议,它通过设定一个速度门限对下一跳节点进行挑选,实现拥塞控制功能。当节点准备发送数据包时,通过节点自身、邻居节点和目的节点三者的距离关系划分出一个转发结点候选集合,选取转发速度高于规定的门限值的节点构成转发节点集合。如果转发节点集合为空,可以通过调整门限值重新选取。协议中对邻居节点的筛选过程,有利于保证传输的实时性,并使整个网络的传输负荷处于动态平衡状态,调节节点的能量消耗。但是,因为 SPEED 协议同时也是与地理位置相关的路由协议并使用了贪婪算法,也很难避免路由空洞问题。

# 课 后 习 题

## 一、单项选择题

1. 下列哪种通信技术不属于低功率短距离的无线通信技术？（　　）

A. 广播　　　　　　　B. 超宽带技术　　　　C. 蓝牙　　　　　　　D. WiFi

2. 蓝牙是一种支持设备短距离通信的无线技术，一般是在（　　）之内。

A. 5 m　　　　　　　B. 10 m　　　　　　　C. 15 m　　　　　　　D. 20 m

3. 关于 ZigBee 的技术特点，下列叙述有错的是哪项？（　　）

A. 成本低　　　　　　B. 时延短　　　　　　C. 高速率　　　　　　D. 网络容量大

4. IEEE 802.15.4g 是针对物联网技术在哪一个应用提出的标准？（　　）

A. 智能家居　　　　　　　　　　　　B. 智能电网

C. RFID　　　　　　　　　　　　　　D. 工业无线监控

5. 下列传感器网与现有的无线自组网区别的论述中，哪一个是错误的？（　　）

A. 传感器网节点数目更加庞大　　　　B. 传感器网节点容易出现故障

C. 传感器网节点处理能力更强　　　　D. 传感器网节点的存储能力有限

6. 物联网节点之间的无线通信，一般不会受下列哪个因素的影响？（　　）

A. 节点能量　　　　　B. 障碍物　　　　　　C. 天气　　　　　　　D. 时间

7. 下列哪种通信技术不属于低功耗短距离的无线通信技术？（　　）

A. 广播　　　　　　　B. 超宽带技术　　　　C. 蓝牙　　　　　　　D. WiFi

8. 蓝牙的技术标准为（　　）。

A. IEEE 802.15　　　B. IEEE 802.2　　　　C. IEEE 802.3　　　　D. IEEE 802.16

## 二、问答题

1. 传感器节点在实现各种网络协议和应用系统时，存在哪些现实约束？

2. 举例说明无线传感器网络的应用领域。

3. 无线传感器网络具有什么显著特点？

4. 与传统网络的路由协议相比，无线传感器网络的路由协议具有哪些特点？

5. 简述 ZigBee 协议与 IEEE 802.15.4 标准的联系与区别。

6. 无线传感器网络的定义和作用是什么？

7. 典型的无线传感器网络节点分为哪几种节点？

8. IEEE 802.15.4 技术中物理层和 MAC 层的作用是什么？

9. ZigBee 技术中网络层和应用层的作用是什么？

10. 什么是 ZigBee？它的特点主要有哪些？

# 第5章　物联网网络构建

## 前　言

对于远距离、广域传输方式而言,电信运营商的蜂窝网络是不可替代的通信方式。宽带无线接入网是实现物联网感知层在任何地点都能无缝接入物联网的重要方法。WiFi、WiMax、3G、4G是远距离无线传输技术。由于这部分知识学生在计算机网络课程中会学习,本章会从简介绍。

教学目标

| 知识要点 | 能力要求 |
| --- | --- |
| 无线网络的划分 | 掌握无线体域网、个域网、局域网、广域网的概念 |
| 了解移动通信技术 | ① 掌握2G、3G、4G技术的特点<br>② 了解移动通信技术的发展历史和核心技术 |

推荐资料

[1]　陈威兵. 移动通信原理. 北京:清华大学出版社,2006.

　　物联网趋势是使用无线网络。近距离使用体域网、个域网、局域网的技术,远距离使用城域网和广域网的技术。根据无线网络的覆盖范围和带宽,一般将无线网络分为4类:无线广域网、城域网、局域网和个域网,2012年在个域网中又划分了体域网,如图5-1所示。

　　① 无线广域网连接信号可以覆盖整个城市、国家,信号传播可通过基站或卫星,当前主要的广域网包括2G、2.5G、3G系统。它的核心技术包括全球移动通信系统(GSM)和码分多址(CDMA)数字无线技术。

　　② 无线城域网可覆盖整个城市区域,在服务区域内的用户可通过基站方位互联网等上层网络。微波介入的全球互联(WiMax)是实现无线城域网的主要技术,IEEE 802.16对WiMax进行了规范。

　　③ 无线局域网在一个局部区域(教学楼、机场候机厅等)为用户提供访问互联网等上层网络的无线连接。无线局域网有两种工作模式:基于基站和基于自组织模式。

　　④ 无线个人局域网在更小的范围内以自组织模式在用户之间建立用于相互通信的无

线连接。蓝牙传输技术和红外传输技术是无线个人局域网中的两个重要技术。

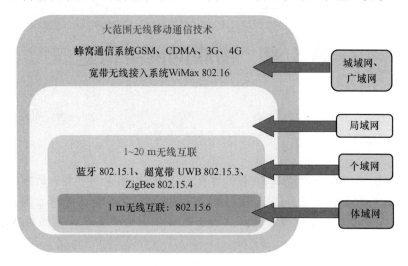

图 5-1　无线网络的划分

# 5.1　无线宽带网络

由于有限网络连接在空间上的局限性,无法解决"最后一公里"难题(接入网段部署困难、价格昂贵等问题),无线宽带技术(WiFi、WiMax 等)可起到关键作用。物联网要做到世界上任何物体皆有址可循,并将物体的物理世界和信息世界连接,需要依靠高速、可靠、方便快捷的信息传输手段和覆盖范围较广、传输速度较快的无线宽带网络。

无线网络包含一系列无线通信协议,如 WiFi(Wireless Fidelity)、WiMax(Worldwide Interoperability Microwave Access)、2G、3G 和 4G 协议。为区别不同协议的特性,需确定无线网络的 3 个基本元素。

① 无线网络用户,具备无线通信能力,并可将无线通信信号转化为有效信息的终端设备,如装有 WiFi 无线通信模块的笔记本式计算机、装有 3G 模块的手机。

② 无线连接,无线网络用户与基站或无线网络用户之间用以传输数据的通路。

③ 基站,能与公网一较高带宽直接交互数据的"超级"节点。无线网络用户通过基站接收和发送数据包,基站将用户的数据包转发给它所属的上层网络,并将上层网络的数据包转发给无线网络用户。常见的基站有 WiFi 的接入点、蜂窝电话网的蜂窝塔。

无线宽带网络协议大多是基于基站与上层网络进行数据交互的,与有限连接相比,无线宽带网络存在如信号强度衰减、非视线传输、同频信号干扰和隐藏终端等问题。

## 5.1.1　WiFi 无线局域网

### 1. 802.11 标准

在 IEEE 为无线局域网制定 802.11 规范之前,存在许多不同的无线局域网标准,导致网卡的不兼容,从 20 世纪 90 年代至今,IEEE 制定了一系列 802.11 协议。最典型的是 IEEE 802.11a、IEEE 802.11b、IEEE 802.11g、IEEE 802.11n,如表 5-1 所示。

表 5-1　802.11 标准系列

| IEEE 802.11 | 发表于 1997 年,原始标准,支持速率 2 Mbit/s,工作在 2.4 GHz ISM 频段。定义了物理层数据传输方式:DSSS(直接序列扩频,1 Mbit/s)、FHSS(跳频扩频,2 Mbit/s)和红外线传输,在 MAC 层采用了类似于有线以太网 CSMA/CD 协议的 CSMA/CA 协议 |
|---|---|
| IEEE 802.11a | 1999 年推出,802.11b 的后继标准,又称高速 WLAN 标准,工作在 5 GHz ISM 频段,采用 OFDM 调制方式,速率可高达 54 Mbit/s,但与 802.11b 不兼容,并且成本也比较高 |
| IEEE 802.11b | 1999 年推出,最初的 WiFi 标准,工作在 2.4 GHz ISM 频段,兼容 802.11。802.11b 修改了 802.11 物理层标准,使用 DSSS 和 CCK 调制方式,速率可达 11 Mbit/s,是目前的主流标准 |
| IEEE 802.11g | 2003 年推出,工作在 2.4 GHz ISM 频段,组合了 802.11b 和 802.11a 标准的优点,在兼容 802.11b 标准的同时,采用 OFDM 调制方式,速率可高达 54 Mbit/s |
| IEEE 802.11n | 工作在 2.4 GHz 和 5 GHz ISM 频段,兼容 IEEE 802.11b/a/g,采用 MIMO(导入多重输入输出)无线通信技术和 OFDM 等技术、更宽的 RF 信道及改进的协议栈,传输速率可高达 300 Mbit/s 甚至 600 Mbit/s,完全符合绝大多数个人和社会信息化的需求 |

**2. WiFi 系统组成**

由一个基站(接入点)和多个无线网络用户组成的基本服务组是 802.11 架构中最重要的组成。WiFi 无线网络包括两种类型的拓扑形式:基础网(Infrastructure)和自组网(Ad-hoc)部分。前者是基于 AP 组建的基础无线网络,由 AP 创建,众多 STA 加入所组成。AP 是整个网络的中心。各 STA 间不能直接通信,需经 AP 转发。自组织网络模式不需要类似基站的基础设施,用户既是数据交互终端又是数据传输路由,因此每条数据传输路径是当数据传输需求出现时动态形成的。

**3. 用户与 WiFi 的关联模式**

无线网络用户与特定 WiFi 接入点建立关联有两个关联模式:

① 被动扫描模式,每个接入点周期广播识别帧(包含其 MAC 地址和 SSID),用户接受广播帧确定服务点集合,最后用户向其中一个接入点发送关联请求从而建立连接;

② 主动扫描模式,无线网络用户主动向周围广播一个探测帧寻找潜在可提供服务的接入点,接入点响应并返回一个回应帧,用户根据回应帧信息选择一个接入点连接。

IEEE 802.11 介质访问控制协议:由于在一个区域内可能存在多个接入点和多个无线网络用户,信道重叠和无线连接相互干扰会导致数据包丢失,因此需要多用户信道控制协议来控制用户对信道的访问。IEEE 802.11 协议中使用带冲突避免的载波监听多路访问(CSMA/CA)协议。CSMA/CA 是指用户发送数据前先监听信道,如果信道被占用则不发送数据,且即使信道为空也等待一小段随机时间再发送数据帧。

### 5.1.2　WiMax:无线城域网

WiMax(Worldwide Interoperability for Micro-wave Access,全球微波接入互操作性)是以 IEEE 802.16 标准为基础,兼容各种不同无线网络的宽带无线接入技术,也是一种无线局域网技术,WiMax 采用了 FDD 和 TDD 全双工技术,物理层引入了 OFDM/OFDMA 调制技术、MIMO 多天线技术,MAC 层采用了多种通信方式和 QoS 保证机制,引入了自动重发请求 ARQ 自适应调制编码(AMC)等多个新型通信技术,主要技术优势有:传输距离

远,最大传输距离可达 50 km;接入速率高,速率可达 70 Mbit/s,是 3G 速度的 30 倍;业务范围广,支持数据视频和语音等多种多媒体业务;频谱利用率高等。

WiMax 技术旨在为广阔区域内的无线网络用户提供高速的无线数据传输服务,覆盖范围可达 112.6 km,与之对应的是一系列 IEEE 802.16 协议。WiMax 的基站多为高耸的传输塔,可作视线传输,它使用两个频宽范围:10~66 GHz 毫米波频段、2~11 GHz 厘米波频段,分别支持视线传输和非视线传输。

WiMax 网络架构的数据传输连接由两个重要部分组成。

① 基站和用户之间的连接,基站使用视线或非视线点对多点连接为用户提供服务。

② 基站和上层网络之间的连接,基站通过光纤、电缆、微波连接等其他高速的点对点连接与上层网络高速稳定地相连。

目前,WiMax 标准主要有:2001 年发布的 IEEE 802.16 标准,工作频率为 10~66 GHz,支持固定节点接入,提供一点到多点固定带宽业务。2003 年出台了 IEEE 802.16a 标准,工作频率为 2~11 GHz,支持固定节点接入,引入了 ARQ 技术。同年还出台了 IEEE 802.16c 标准,工作频率为 10~66 GHz,支持移动节点接入。2004 年出台了 IEEE 802.16d 标准,工作频率为 2~11 GHz,支持固定节点接入,2005 年出台 IEEE 802.16e 标准,频率为 2~6 GHz,支持移动节点接入,WiMax 将逐步实现宽带业务的移动化,2007 年,国际电信联盟(ITU)将其列为 3G 标准之一。

WiFi 和 WiMax 技术是现阶段无线宽带网络的核心技术,而无线宽带网络在网络互联中扮演了越来越重要的角色,包括我国的"无线城市"计划等。

## 5.2　移动通信网络

在物联网时代,移动通信将发挥愈来愈重要的作用。一个完整的物联网系统由前端信息生成、中间传输网络和后端的应用平台构成。如果信息终端(包括 RFID、传感器以及各种智能信息设备)局限在固定网络,期望中无所不在的感知识别将无法实现。移动通信,特别是 3G 和 4G,将成为"全面、随时、随地"传输信息的有效平台,为"物品联网""用户上网"创造了得天独厚的条件。

移动通信经历了 3 个发展阶段:模拟语音、数字语音以及数字语音和数据。

**1. 第一代蜂窝移动通信的飞速发展**

1982 年,美国贝尔实验室发明了高级移动电话系统 AMTS,提出"蜂窝单元"的概念。第一代移动通信系统采用了模拟调制技术和 FDMA 接入方式,在使用中暴露了很多缺点,例如,设备体积大、成本高,频谱利用率低,保密性差,只能提供低速语音业务等。

**2. 第二代移动通信技术**

第二代移动通信技术(2G)是数字制式的,可进行语音通信、收发文字和多媒体短信,包括常见的 GSM 和 CDMA,它们同为蜂窝系统。

① GSM 利用时分复用技术将一对频率分成许多时槽供多个用户在不同时间共享,还利用频分复用技术使得每一个移动电话在一个频率发送数据的同时可以在另外一个高出 50 MHz 的频率上接收数据。

GSM 数字移动通信系统是由欧洲主要电信运营者和制造厂家组成的标准化委员会设

计出来的,1991 年在欧洲开通了第一个系统,同时 MoU 组织为该系统设计和注册了市场商标,将 GSM 更名为"全球移动通信系统"(Global System for Mobile Communications)。GSM 系统有几项重要特点:防盗拷能力佳,网络容量大,手机号码资源丰富,通话清晰,稳定性强不易受干扰,信息灵敏,通话死角少,手机耗电量低。

② CDMA 利用编码技术可以同时区分并分离多个同时传输的信号,从根本上保证了时间和频段等资源的高效利用率。2G 具有频谱利用率较高、保密性好、系统容量大、接口标准明确等优点,很好地满足了人们对语音业务以及低速数据业务的需求。

### 3. 第三代移动通信技术

第三代移动通信技术是(3G)能够将国际互联网等多媒体通信与无线通信业务结合的新一代移动通信系统。从 2G 到 3G 经历了 HSCSD、GPRS、EDGE 等技术。ITU TG8/1 在 1985 年提出第三代移动通信系统概念,于 1996 年更名为"IMT-2000",1999 年 10 月通过了 IMT-2000 无线接口技术规范建议,因传输速率和用户负担要求,CDMA 编码成为现行 3G 通信标准的基础。

CDMA 技术的 3 个标准分别是 IMT-DS、IMT-MC 和 IMT-TD,分别对应于 W-CD-MA、cdma2000 和 TD-SCDMA,它们都是以 CDMA 为核心技术开发的,各自却有明显的优劣,如表 5-2 所示。

① TD-SCDMA(Time Division-Synchronous CDMA,时分同步 CDMA)是由中国大陆独自制定的 3G 标准。它将空分多址、同步 CDMA 和软件无线电等融合,抗干扰能力力强,系统容量大。该标准将智能无线、同步 CDMA 和软件无线电等当今国际领先技术融于其中,在频谱利用率、对业务支持方面具有灵活性、频率灵活性及成本低等方面的独特优势。该标准提出不经过 2.5 代的中间环节,直接向 3G 过渡,非常适用于 GSM 系统向 3G 升级。军用通信网也是 TD-SCDMA 的核心任务。

② W-CDMA 意为宽频分码多重存取,由 3GPP 具体制定,基于 GSM MAP 核心网,以 UTRAN 为无线接口,它主要将信息扩展成 3.84 MHz 的宽带后,在 5 MHz 带宽内传输,包括 FDD 与 TDD 两种工作方式,可同时支持异步和同步的基站运行方式,动态调控多种速率的传输,对 GSM/GPRS 网络兼容。

③ cdma2000 由标准组织 3GPP2 制定,它是由美国高通北美公司为主导提出的,是 IS-95 的一种扩展,有许多版本,先后顺序为:IS-95A、IS-95B、cdma2000 1X、EV-DO、EV-DV,其中 CDMA 1X EV-DV 的后向兼容性很好,可在 1.25 MHz 信道中同时提供高速分组数据及语音业务,并支持实时和非实时业务。但目前使用 CDMA 的地区只有日、韩和北美,所以 cdma2000 的支持者不如 W-CDMA 多。

表 5-2　CDMA 技术的 3 个标准

| 技术名称 | W-CDMA | cdma2000 | TD-SCDMA |
|---|---|---|---|
| 空中接口 | W-CDMA | cdma2000,兼容 IS95 | TD-SCDMA |
| 双工方式 | FDD | FDD | TDD |
| 频带宽度 | 5 M | $1.25 \text{M} \times n (n=1,3,6)$ | 1.6 M |
| 码片速率 | 3.84 Mchip/s | $(1.228\ 8 \times n) \text{Mchip/s}$ | 1.28 Mchip/s |
| 同步要求 | 同步/异步 | GPS 同步 | 同步(GPS 或其他方式) |
| 继承基础 | GSM | 窄带 CDMA | GSM |
| 采用地区 | 欧洲、日本 | 北美、韩国 | 中国 |
| 商用试验 | 2001 年 | 2000 年 | 2005 年 |

移动互联网就是将移动通信和互联网结合在起来,成为一体。对于未来的物联网发展,庞大的 3G 用户群是不可或缺的,我们从 3G 通信网络的能力来看移动互联网如何切入物联网,视频电话、手机电视、基于用户情境的服务和移动社交网络,其中后两种切合人的衣食住行和日常交流等基本需求,此为移动互联网迅猛发展的原因。

### 4. 第四代移动通信系统

第四代移动通信系统(4G)被称为"多媒体移动通信",是集 3G 与 WLAN 于一体并能够传输高质量视频图像,其传输速率可达 10~20 Mbit/s,将能满足 3G 达不到的覆盖范围、通信质量、高速数据和高分辨率多媒体服务。在 4G 时代,无线将连接一切。

相对于 3G 技术,4G 具有如下的特征:

① 速率高,上传速率可达 20~50 Mbit/s,下载速率达 100 Mbit/s;

② 网络频谱更宽,要想使 4G 通信达到 100 Mbit/s 的传输速度,通信运营商必须在 3G 通信网络的基础上对其进行大幅度的改造,以便使 4G 网络在通信带宽上比 3G 网络的带宽高出许多。据研究,每个 4G 信道将占有 100 MHz 的频谱,相当于 W-CDMA 3G 网络的 20 倍,兼容传统的 GSM TDMA 和 CDMA 系统;

③ 引入了自适应技术,使得用户数量增多;

④ 支持多媒体业务;

⑤ 采用多种新型技术,如 OFDM 调制技术、软件无线电、智能天线、无线接入网等技术,提高了频谱利用率和通信质量及容量;

⑥ 采用基于 IP 的核心网络结构,实现了多业务系统的无缝覆盖和网络结构的自动调节。

2012 年 1 月,ITU(国际电信联盟)正式审议通过的 4G(IMT-Advanced)标准如下所示。

(1) LTE-Advanced:LTE(Long Term Evolution,长期演进)的后续研究标准

TD-LTE 作为 LTE-Advanced 标准分支之一入选,这是由我国主要提出的。目前正在广泛应用的 4G 技术主要包括 LTE 和 LTE-Advanced。LTE 技术是 3G 技术的演进,采用了正交频分复用(OFDM)和多输入多输出(MIMO)技术,能够在带宽 20 MHz 情况下,提供上行 50 Mbit/s 和下行 100 Mbit/s 的峰值速率,相当于 3.9G 技术。LTE-Advanced 是 LTE 的增强版,有 TDD 和 FDD 两种制式,其技术特征是:带宽 100 MHz;下行峰值速率 1 Gbit/s,上行峰值速率 500 Mbit/s;下行峰值频谱效率 30 bit/(s・Hz),上行峰值频谱效率达 15 bit/(s・Hz);有效支持新频段和大带宽应用等。

(2) WirelessMAN-Advanced(802.16m):WiMax 的后续研究标准

WirelessMAN-Advanced 事实上就是 WiMax 的升级版,即 IEEE 802.16m 标准,802.16 系列标准在 IEEE 正式称为 WirelessMAN,而 WirelessMAN-Advanced 即为 IEEE 802.16m。其优势如下:①提高网络覆盖,改建链路预算;②提高频谱效率;③提高数据和 VOIP 容量;④低时延 & QoS 增强;⑤功耗节省。

### 5. 第 5 代移动通信技术

5G 划分为移动互联网和物联网两大类,速度或达到 10 Gbit/s。目前 5G 的需求及关键技术指标(KPI)已基本确定,国际电联将 5G 应用场景划分为移动互联网和物联网两大类,各个国家均认为 5G 除了支持移动互联网的发展,还将解决机器海量无线通信需求,极大促

进车联网、工业互联网等领域的发展。

2016 年 2 月,ITU 启动了 5G 技术评估工作,3GPP 也在 2016 年年初全面启动了 5G 标准的研制,2018 年将完成第一个版本的标准。同时,产业进程也进一步加快,为了把握 5G 的发展机遇,我国工业和信息化部、国家发改委、科技部于 2013 年联合推动成立了 IMT-2020 5G 推进组,全面推进国内的 5G 需求、技术、频谱、标准等研究工作,以中国移动、华为、中兴、大唐为代表的国内产业界正在加紧开展 5G 技术的研发。

# 课 后 习 题

## 一、选择题

1. 802.11 系列标准中,(　　)被称为高速 WLAN 标准。

A. 802.11a　　　　　B. 802.11b　　　　　C. 802.11g　　　　　D. 802.11n

2. 802.11 协议使用了(　　)协议。

A. CSMA/CD　　　　B. CSMA/CA　　　　C. FDMA　　　　D. TDD

3. WiMax 标准是无线(　　)标准。

A. 体域网　　　　　B. 局域网　　　　　C. 城域网　　　　　D. 广域网

4. GSM 属于第(　　)代移动通信技术。

A. 一　　　　　　　B. 二　　　　　　　C. 三　　　　　　　D. 四

5. 第三代移动通信技术不包括(　　)标准。

A. W-CDMA　　　　B. cdma2000　　　　C. CDMA　　　　D. TD-SCDMA

6. 关于 LTE 技术,说法错误的是(　　)。

A. LTE 是 Lang time Evolution

B. 4G 包括 LTE 和 LTE-Advanced

C. LTE 采用了 DFDM 和 MIMO 技术

D. LTE-Advanced 有 TDD 和 FDD 两种制式

7. 我国有三大运营商获得了 3G 牌照,其中 cdma2000 是由(　　)运营。

A. 联通　　　　　　B. 移动　　　　　　C. 电信　　　　　　D. 铁通

8. WCDMA 的演进步骤是(　　)。

A. GSM—EDGE—GPRS—WCDMA　　　B. GPRS—GSM—EDGE—WCDMA

C. EDGE—GSM—GPRS—WCDMA　　　D. GSM—GPRS—EDGE—WCDMA

9. TD-SCDMA 的发展基础是(　　)。

A. GPRS　　　　　　B. GSM　　　　　　C. FDD　　　　　　D. CSMA

## 二、问答题

1. 什么是 WiFi? 简述其优点。

2. 什么是 WiMax,它的通信原理是什么?

3. 简述 3G 技术。

4. 什么是无线局域网?

5. 简述移动通信系统的发展历程以及各阶段的特点。

# 第6章　数据融合

前　　言

　　数据融合是支撑物联网广泛应用的关键技术之一,但鉴于物联网感知节点能源有限、数据的时间敏感性、网络的动态性等特点,数据融合面临诸多挑战。什么是数据融合? 其基本原理和体系结构是什么? 有哪些数据融合技术? 本章将抛砖引玉地作简要介绍。

教学目标

| 知识要点 | 能力要求 |
| --- | --- |
| 基本概念 | 掌握数据融合原理、定义和分类 |
| 物联网中的数据融合 | 掌握物联网中的数据融合的特点 |
| 贝叶斯理论 | 了解贝叶斯理论 |
| D-S 证据理论方法 | 了解 D-S 证据理论方法 |

推荐资料

[1]　沃尔夫冈.跟踪和传感器数据融合.何佳洲,译. 北京:科学出版社,2015.

[2]　罗俊海,王章静.多源数据融合和传感器管理. 北京:清华大学出版,2015.

## 6.1　数据融合概述

　　数据融合最早出现于 20 世纪 70 年代并应用于军事,是模拟人和其他动物对复杂问题的综合处理而发展起来的。1973 年美国研究机构在国防部的资助下,开展了声呐信号解释系统的研究。目前,海洋监视、人工智能、工业控制、空中交通管制等领域正朝着传感器数据融合方向发展,延伸到物联网,数据融合是其数据处理的关键技术之一。

　　物联网数据融合是针对多传感器系统提出的。由于多传感器系统信息形式多样、数据量巨大、数据关系复杂以及数据实时性、准确性和可靠性要求,数据融合技术应运而生。多传感器数据融合(MSDF)由美国国防部在 20 世纪 70 年代提出,之后英、法、日、俄等国也做了大量研究。在军事上,数据融合技术可扩展战场感知的时间和空间的覆盖范围,变单源探

测为网络探测,对战场多元感知信息进行探测、关联、组合,获得精确的目标状态和属性估计,从而实现战争中陆、海、空、天电磁频谱全维战场感知。近年来,伴随电子技术、信号检测和处理技术、计算机技术、网络技术和控制技术的发展,数据融合取得了巨大发展并已被应用于多个领域。

**1. 定义**

DL(美国三军组织实验室理事联合会)定义:信息融合是一种多层次、多方面的处理过程,包括对多源数据进行检测、相关、组合和估计,从而提高状态和身份估计的精度,以及对战场态势和威胁的重要程度进行适时完整的评价。

数据融合的定义和简介表述为:数据融合是针对单个和多个信息源获得时序感知数据,按一定规则进行分析、综合,以完成决策和评估的数据处理过程。

它包含 3 层含义:①全空间数据,包含全空间和子空间、同步和异步、数字和非数字、覆盖全频段的复杂多维数据;②融合不同于组合,组合的是外在特性,融合可达内部特性,是系统动态过程数据的多层次、多方面处理;③数据的互补,形式、结构、功能和不同层次的互补是数据融合的核心。数据融合的实质是针对多维数据进行关联和综合分析,进而选取适当的融合模式和处理算法,用以提高数据的质量,为知识提取奠定基础。

**2. 数据融合的优点和缺点**

① 信息融合的优点:增加系统的生存能力,扩展空间和时间覆盖范围,提高可信度并降低信息的模糊度,改善探测性能,提高空间分辨率,增加测量空间的维数。

② 信息融合的缺点:数据融合技术在节省能量、提高信息准确度的同时,要以牺牲其他方面的性能为代价。首先是延迟的代价,在数据传送过程中寻找易于进行数据融合的路由、进行数据融合操作、为融合而等待其他数据的到来,这 3 个方面都可能增加网络的平均延迟。其次是健壮性的代价,无线传感器网络相对于传统网络有更高的节点失效率以及数据丢失率,数据融合可以大幅度降低数据的冗余性,但丢失相同的数据量可能损失更多的信息,因此相对而言也降低了网络的健壮性。

**3. 数据融合的设计多学科**

信息融合技术的实现和发展以信息电子学的原理、方法、技术为基础。信息融合系统要采用多种传感器收集各种信息,包括声、光、电、运动、视觉、触觉、力觉以及语言文字等。信息融合技术中的分布式信息处理结构通过无线网络、有线网络、智能网络、宽带智能综合数字网络等汇集信息,传给融合中心进行融合。

除了自然(物理)信息外,信息融合技术还融合社会类信息,以语言文字为代表,涉及大规模汉语资料库、语言知识的获取理论与方法、机器翻译、自然语言解释与处理技术等,信息融合采用分形、混沌、模糊推理、人工神经网络等数学和物理的理论及方法。它的发展方向是对非线性、复杂环境因素的不同性质的信息进行综合、相关,从各个不同的角度去观察、探测世界。

# 6.2　数据融合的基本原理

数据融合体系按层次分为数据级融合、特征级融合和决策级融合,如图 6-1 所示,3 个层次的区分如表 6-1 所示。

表 6-1    不同级别的融合性能比较

| 数据级\性能指标 | 计算器 | 容错性 | 信息损失量 | 精度 | 抗干扰性 | 融合方法 | 传感器同质性 | 通信数据量 | 实时性 | 融合水平 |
|---|---|---|---|---|---|---|---|---|---|---|
| 像素级 | 大 | 差 | 小 | 高 | 差 | 难 | 大 | 大 | 差 | 低 |
| 特征级 | 中 | 中 | 中 | 中 | 中 | 中 | 中 | 中 | 中 | 中 |
| 决策级 | 小 | 好 | 大 | 低 | 好 | 易 | 小 | 小 | 好 | 高 |

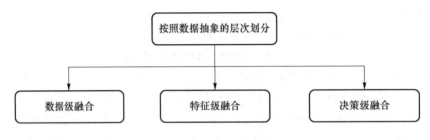

图 6-1    数据融合的分类

### 1. 数据级融合

数据级融合是最低层次的融合,直接对传感器的观测未经处理数据进行融合处理,然后基于融合后的结果进行特征提取和判断决策,如图 6-2 所示。直接在原始数据上进行融合,在各种传感器的原始监测数据未经预处理前进行数据分析与综合。数据及融合一般采用集中式融合体系进行融合处理,如成像传感器中通过对包含若干像素的模糊图像进行处理来确认目标属性就属于数据级融合。其优点在于保持了尽可能多的原始信息,缺点是处理的信息量大,所需时间长,实时性差。这种融合通常用于多源图像复合、图像分析和同质雷达波形合成等。

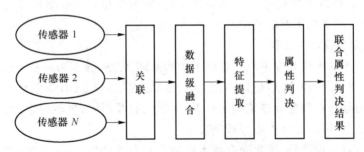

图 6-2    数据级数据融合

### 2. 特征级融合

属于中间层次的融合,先对来自传感器的原始信息进行特征提取,然后对特征信息分析处理。具体地,每种传感器的观测数据提供有代表性的特征,这些特征融合成一个特征向量,然后运用模式识别的方法进行处理。特征级融合实现了可观的信息压缩,所提取的信息可直接用于决策分析。特征级融合一般采用分布式或集中式融合体系,分为两类:即目标状态融合以及目标特性融合。优点是进行了数据压缩、对通信带宽的要求低、利于实时处理。不足是有信息损失、融合性能降低。

### 3. 决策级融合

通过不同的传感器观测同一目标,每个传感器在本地完成预处理、特征提取、识别和判断,得出关于观察目标的初步结论,然后通过关联分析进行决策级融合,最终得到联合判决结果。此层融合为指挥控制决策提供依据。决策级融合具有很高的灵活性,信息传输带宽要求较低,能有效融合反映环境和目标的各侧面信息,容错性强。

数据融合的关键问题在模型设计和融合算法。数据融合模型包括功能模型、结构模型和数学模型。

#### (1) 功能模型

从融合过程角度描述数据融合内包括哪些主要功能和数据库,以及融合过程中各组成部分之间的相互作用过程。目前已有许多学者从不同角度提出了信息融合系统的一般功能模型,DFS(美国三军政府组织 JDL 下属 C3I 技术委员会 TPC3 数据融合专家组)提出的功能模型把数据融合分为三级。第一级是单源或多源处理,包括数字处理、跟踪关联;第二级是评估目标估计集,即根据它们彼此间和背景间的关系评估整体情况;第三级用一个系统的先验目标级来检验评估结果。具体见相关资料。

#### (2) 结构模型

从数据融合系统的组成出发,说明数据融合系统各组成部分之间的相互作用,说明数据融合系统的软、硬件组成,数据流,系统与外部的交互。它有多种不同的分类方法。其中一种根据传感器数据在送入融合处理中心之前已经处理的程度进行分类,此种情况下融合结构被分为传感器级数据融合、中央级数据融合及混合式融合;另一种根据数据处理过程的分辨率来对融合结构进行分类,此种情况下融合结构为像素级、特征级和决策级融合。

#### (3) 数学模型

数据融合的算法和综合逻辑,算法包括分布检测、空间融合、属性融合、态势评估和威胁评估算法等。数据融合的数学模型涉及的理论方法大致可分为两类:随机方法和人工智能方法。随机方法的研究对象是随机的,如 Bayes 推理方法、Demster-Shafer 的证据理论、Kalman 滤波融合算法;人工智能方法多为最近发展起来的,是对数据融合的有力补充,如小波分析理论、模糊集合理论、神经网络和支持向量机等。

# 6.3　物联网中的数据融合技术

物联网的数据构成与传统网络有较大差别,主要体现在以下几个方面。

#### 1. 数据的多态性和异构性

无线传感器节点、RFID 标签、M2M 等设备大量存在,RFID 系统有多个 RFID 标签,多种读写器,M2M 系统微型计算设备形形色色,这些传感器的数据结构各异。物联网中有文本数据,也有图像、音频、视频等多媒体数据,数据结构不一且包括静态数据和动态数据。同时,物联网系统功能越复杂,传感器节点、RFID 标签种类越多,其异构性也越突出。物联网数据的多态性和异构性增加了数据处理和软件开发的难度。

#### 2. 数据海量

物联网是物物相连形成的动态网络。RFID 系统中,大量感知节点高频采集信息,采集的信息海量;无线传感网记录多个节点的多媒体信息,数量更是大得惊人;此外,在实时监控

系统中数据是以流形式实时产生的,上述信息实时海量地产生,给数据的实时处理和后期管理带来了很大挑战。

**3. 数据的时效性**

无论是无线传感网还是 RFID 系统,物联网的数据采集是随时进行的,数据更新快,历史数据因海量而不能长期保存,因此系统的反应速度或响应时间是系统可靠性和实用性的关键。这要求物联网的数据处理系统采取如预处理与数据挖掘相结合、错误数据监测与冗余信息处理相结合等多种方法应对。

根据网络层次,物联网的数据处理和优化包括感知层的数据获取与优化,传输层的数据传输与优化及应用层的数据合成与优化三方面。但由于物联网应用的多样性和数据的异构性,其应用层的数据合成与优化无法给出一般性解决方案。

数据融合是无线传感网中非常重要的信息处理技术,通过对多感知节点协调优化,数据融合可有效减少整个网络中不必要的通信开销,提高数据的准确度和收集效率。物联网感知层使用数据融合技术,传输已融合的数据要比传输未经处理的数据节省能量,延长网络生存周期。但在物联网中,数据融合技术仍面临许多挑战,如感知节点能源有限、多数据流的同步、数据的时间敏感性、网络带宽限制、无线通信可靠性和网络的动态性等,所以物联网的数据融合需针对层次性结构体系。简单地讲,就是应用层可采用通用的数据融合技术,而感知层的数据融合则通过一系列算法将感知节点采集到的大量原始数据进行冗余去除后传输给汇聚节点,从而降低数据冲突。

物联网的数据融合需研究解决 3 个关键问题:

① 数据融合节点的选择,要形成路由回路数据,需按网络层路由协议使用路由结构中的某些节点作为融合节点;

② 数据融合时机;

③ 数据融合算法,相比于无线传感网,物联网的数据异构性和海量更为突出,有效的处理方法是在传感网数据融合的基础上进一步加强数据处理类型的可扩展性,加快处理速度,满足实时性需求。根据融合前后的信息含量,可将物联网的数据融合分为有损融合和无损融合。

# 6.4 数据融合的算法

融合算法是融合处理的基本内容,它将多维输入数据根据信息融合的功能,在不同融合层次上采用不同的数学方法,对数据进行综合处理,最终实现融合。目前,已有大量的融合算法,都有各自的优缺点,数据融合的数学模型涉及的理论方法大致可分为 3 类:随机方法(也称嵌入约束法)、证据组合法和人工智能法。随机方法研究对象是随机的,如 Bayes 推理方法、Demster-Shafer 的证据理论、Kalman 滤波融合算法;人工智能方法多为最近发展起来的,是对数据融合的有力补充,如小波分析理论、模糊集合理论、神经网络和支持向量机等。其中比较流行的算法有贝叶斯方法、证据推理、神经网络以及模糊理论等,这 4 种算法的研究约占整个信息融合算法的 85%。

## 6.4.1 贝叶斯方法

贝叶斯方法是最早应用于不确定信息融合的一种推理方法,其基本思想是在设定先验概率的条件下,利用贝叶斯规则计算出后验概率,从而根据后验概率做出决策,这样就可以处理不确定性问题,是融合静态环境中多传感器低层数据的一种常用方法。其信息描述为概率分布,适用于具有可加高斯噪声的不确定性信息。

**1. 贝叶斯网络的发展历史**

贝叶斯(Reverend Thomas Bayes,1702—1761)的学派奠基性工作是他的论文——《关于概率性问题求解的评论》。论文是在他死后由他的朋友发表的。著名的数学家拉普拉斯(P. S. Laplace)用贝叶斯的方法导出了重要的"相继律",贝叶斯的方法和理论逐渐被人理解和重视起来。

20世纪初,意大利的菲纳特(B. de Finetti)以及英国的杰弗莱(H. Jeffreys)都对贝叶斯学派的理论作出重要的贡献。第二次世界大战后,瓦尔德(A. Wald)提出了统计的决策理论,在这一理论中,贝叶斯占有重要的地位;信息论的发展也对贝叶斯学派做出了新的贡献。1958年,英国最悠久的统计杂志 Biometrika 全文重新刊登了贝叶斯的论文,20世纪50年代,以罗宾斯(H. Robbins)为代表,提出了经验贝叶斯方法和经典方法相结合,引起统计界的广泛注意。

随着人工智能的发展,尤其是机器学习、数据挖掘等的兴起,为贝叶斯理论的发展和应用提供了更为广阔的空间。贝叶斯理论的内涵也比以前有了很大的变化。20世纪80年代,贝叶斯网络用于专家系统的知识表示,90年代进一步研究可学习的贝叶斯网络,用于数据采掘和机器学习。近年来,贝叶斯学习理论方面的文章更是层出不穷,内容涵盖了人工智能的大部分领域,包括因果推理、不确定性知识表达、模式识别和聚类分析等。并且出现了专门研究贝叶斯理论的组织和学术刊物——ISBA(International Society Bayesian Analysis,国际社会贝叶斯分析)。

**2. 贝叶斯方法的基本观点**

贝叶斯分析方法的特点是用概率去表示所有形式的不确定性,学习或其他形式的推理都用概率规则来实现。贝叶斯学习的结果表示为随机变量的概率分布,它可以解释为我们对不同可能性的信任程度。贝叶斯学派的起点是贝叶斯的两项工作:贝叶斯定理和贝叶斯假设。贝叶斯定理将事件的先验概率与后验概率联系起来。随机现象是指在相同的条件下,其出现的结果是不确定的现象。

**定义 6.1**　统计概率:若在大量重复试验中,事件 $A$ 发生的频率稳定地接近于一个固定的常数 $p$,它表明事件 $A$ 出现的可能性大小,则称此常数 $p$ 为事件 $A$ 发生的概率,记为 $P(A)$,即:

$$p = P(A)$$

可见概率就是频率的稳定中心。任何事件 $A$ 的概率为不大于1的非负实数,即:

$$0 < P(A) < 1$$

**定义 6.2**　条件概率:我们把事件 $B$ 已经出现的条件下,事件 $A$ 发生的概率记为 $P(A|B)$,并称为在 $B$ 出现的条件下 $A$ 出现的条件概率,而称 $P(A)$ 为无条件概率。

**3. 贝叶斯概率**

(1) 先验概率

先验概率是指根据历史的资料或主观判断所确定的各事件发生的概率,该类概率没能经过实验证实,属于检验前的概率,所以称之为先验概率。先验概率一般分为两类,一是客观先验概率,是指利用过去的历史资料计算得到的概率;二是主观先验概率,是指在无历史

资料或历史资料不全的时候,只能凭借人们的主观经验来判断取得的概率。

(2) 后验概率

后验概率一般是指利用贝叶斯公式,结合调查等方式获取了新的附加信息,对先验概率进行修正后得到的更符合实际的概率。

(3) 联合概率

联合概率也叫乘法公式,是指两个任意事件的乘积的概率,或称之为交事件的概率。

(4) 全概率公式

设 $B_1,B_2,\cdots,B_n$ 是两两互斥的事件,且 $P(B_i)>0,i=1,2,\cdots,n,B_1+B_2+\cdots+B_n=\Omega$。另有一事件 $A=AB_1+AB_2+\cdots+AB_n$,称满足上述条件的 $B_1,B_2,\cdots,B_n$ 为完备事件组。

$$P(A)=\sum_{i=1}^{n}P(B_i)P(A\mid B_i)$$

(5) 贝叶斯公式

$$P(B\mid A)=\frac{P(B)P(A\mid B)}{\sum_{i=1}^{n}P(B_i)P(A\mid B_i)}$$

公式中,事件 $B$ 的发生概率为 $P(B)$,事件 $B$ 发生条件下事件 $A$ 发生的概率为 $P(A\mid B)$,事件 $A$ 发生下事件 $B$ 的概率为 $P(B\mid A)$。

贝叶斯定理之所以有用,是因为我们在生活中经常遇到这种情况:我们可以很容易直接得出 $P(A\mid B)$,$P(B\mid A)$ 则很难直接得出,但我们更关心 $P(B\mid A)$,贝叶斯定理就为我们打通从 $P(A\mid B)$ 获得 $P(B\mid A)$ 的道路。例如,$P(A)$ 是穿裙子概率,$P(B)$ 是女生概率,$P(B\mid A)$ 是穿裙子是女生。利用贝叶斯公式可以求出 $P(A\mid B)$,也就是女生穿裙子的概率。

**例 6.1** 某个医院早上收了 6 个门诊病人,如表 6-2 所示。

表 6-2 病人情况

| 症 状 | 职 业 | 疾 病 |
| --- | --- | --- |
| 打喷嚏 | 护士 | 感冒 |
| 打喷嚏 | 农夫 | 过敏 |
| 头痛 | 建筑工人 | 脑震荡 |
| 头痛 | 建筑工人 | 感冒 |
| 打喷嚏 | 教师 | 感冒 |
| 头痛 | 教师 | 脑震荡 |

现在又来了第 7 个病人,是一个打喷嚏的建筑工人,请问他患上感冒的概率有多大?

$P(感冒\mid 打喷嚏\times建工)=P(打喷嚏\times建工\mid 感冒)\times P(感冒)/P(打喷嚏\times建工)$

$P(感冒\mid 打喷嚏\times建工)=P(打喷嚏\mid 感冒)\times P(建工\mid 感冒)\times P(感冒)/$
$P(打喷嚏)\times P(建工)=0.66\times0.33\times0.5/(0.5\times0.33)=0.66$

**例 6.2** 用来自两个传感器的不同类型的量测数据提高矿物的检测率。

通过融合来自多个传感器的数据可以提高对矿物的检测率,这些传感器能够响应各独立物理现象所产生的信号,在这个例子中使用金属检测器和地下探测雷达这两种传感器就能达到此目的。金属检测器(MD)能检测出大于 1 cm 且只有几克重的金属碎片的存在,地下探测雷达(GPR)能利用电磁波的差异从土壤和其他背景中发现大于 10 cm 的物体。尽管金属检测器只能简单地区分物体是否含有金属,但是地下探测雷达却具有物体分类功能,因为它能对物体的多个属性有所响应,如尺寸、形状、物体类型及内部结构等。

可以用贝叶斯推理来计算被测物体是属于哪类的后验概率。因为这里主要检测矿物,所以简单地将物体的类别限定为矿物和非矿物。设矿物类为 $O_1$,非矿物类为 $O_2$,并假设:

$$\begin{cases} P(O_1)=0.2 & \text{物体为矿物的概率为 0.2} \\ P(O_2)=0.8 & \text{物体为非矿物的概率为 0.8} \end{cases}$$

并且假设金属检测器和地下探测雷达这两个传感器所观测到的数据均为:1 代表矿物,0 代表非矿物。再进一步假设:

$$P_{MD}(1|O_1)=0.8$$
$$P_{MD}(1|O_2)=0.1$$
$$P_{GPR}(1|O_1)=0.9$$
$$P_{GPR}(1|O_2)=0.05$$

用贝叶斯方法来进行数据融合其过程如下所示:

因为两传感器产生的信号相互独立,所以传感器联合报表概率为(其中,$i$ 即为 MD 和 GPR)。

$$P(\text{数据} \mid O_j) = \prod_i P_i(\text{数据} \mid O_j)$$

最后利用贝叶斯法则来计算物体是第 $j$ 类的后验概率:

$$P(O_j \mid \text{数据}) = \frac{P(\text{数据} \mid O_j)P(O_j)}{P(\text{数据})}$$

其中,$P(\text{数据}) = \sum P(\text{数据} \mid O_j)P(O_j)$ 为全概率。

当观测到的数据为(1,1)时,计算可得:

$$P_{(1,1)} \mid O_1) = P_{MD}(1 \mid O_1)P_{GPR}(1 \mid O_1) = 0.8 \times 0.9 = 0.72$$
$$P_{(1,1)} \mid O_2) = P_{MD}(1 \mid O_2)P_{GPR}(1 \mid O_2) = 0.1 \times 0.05 = 0.005$$
$$P(O_1 \mid_{1,1}) = \frac{0.72 \times 0.2}{0.72 \times 0.2 + 0.8 \times 0.005} = 0.973$$
$$P(O_2 \mid_{1,1}) = 0.027$$
$$P(O_1 \mid_{1,1}) > P(O_2 \mid_{1,1})$$

所以,根据贝叶斯推理可知,当观测到的数据为(1,1)时,可以判断该物体类型为矿物。

当观测到的数据为(1,0)时,计算可得:

$$P_{(1,0)} \mid O_1) = P_{MD}(1 \mid O_1)P_{GPR}(0 \mid O_1) = 0.8 \times 0.1 = 0.08$$
$$P_{(1,0)} \mid O_2) = P_{MD}(1 \mid O_2)P_{GPR}(0 \mid O_2) = 0.1 \times 0.95 = 0.095$$
$$P(O_1 \mid_{1,0}) = \frac{0.08 \times 0.2}{0.08 \times 0.2 + 0.095 \times 0.8} = 0.173\,9$$
$$P(O_2 \mid_{1,0}) = 0.826\,1$$
$$P(O_2 \mid_{1,0}) > P(O_1 \mid_{1,0})$$

所以,根据贝叶斯推理可知,当观测到的数据为(1,0)时,可以判断该物体类型为非矿物。

### 6.4.2 D-S 证据理论方法

**1. 简介**

源于 20 世纪 60 年代美国哈佛大学数学家 A. P. Dempster 在利用上、下限概率来解决多值映射问题方面的研究工作。自 1967 年起连续发表了一系列论文,标志着证据理论的正式诞生。Dempster 的学生 G. Shafer 对证据理论做了进一步的发展,引入信任函数概念,形成了一套基于"证据"和"组合"来处理不确定性推理问题的数学方法,并于 1976 年出版了《证据的数学理论》,这标志着证据理论正式成为一种处理不确定性问题的完整理论。证据理论适用的领域有信息融合、专家系统、情报分析、法律案件分析、多属性决策分析等。

优势:满足比 Bayes 概率理论更弱的条件,即不需要知道先验概率,具有直接表达"不确定"和"不知道"的能力。

局限性:要求证据必须是独立的,而这有时不易满足;证据合成规则没有非常坚固的理论支持,其合理性和有效性还存在较大的争议;计算上存在着潜在的组合爆炸问题。

**2. D-S 证据理论的基本概念**

D-S 方法与其他概率方法的区别在于:

① 它有两个值,即对每个命题指派两个不确定度量(类似但不等于概率);

② 存在一个证据使得命题似乎可能成立,但使用这个证据又不直接支持或拒绝它。

下面给出几个基本定义。

设 $\Omega$ 是样本空间,$\Omega$ 由一些互不相容的陈述构成。这些陈述各种组合构成幂集 $2^{\Omega}$。

**定义 6.3** 基本概率分配函数 $M$,$M:2^{\Omega} \rightarrow [0,1]$,设函数 $M$ 是满足下列条件的映射:①不可能事件的基本概率是 0,即 $M(\Phi) = 0$;②$2^{\Omega}$ 中全部元素的基本概率之和为 1,即 $\sum M(A) = 1, A \subseteq \Omega$。则称 $M$ 是 $2^{\Omega}$ 上的概率分配函数,$M(A)$ 称为 $A$ 的基本概率数,表示对 $A$ 的精确信任。

**定义 6.4** 命题的信任函数 Bel,对于任意假设而言,其信任度 $Bel(A)$ 定义为 $A$ 中全部子集对应的基本概率之和,即 $Bel:2^{\Omega} \rightarrow [0,1]$,$Bel(A) = \sum_{B \subseteq A} M(B), A \subseteq \Omega$。Bel 函数也称为下限函数,表示对 $A$ 的全部信任。由概率分配函数的定义容易得到 $Bel(\Phi) = M(\Phi) = 0$,$Bel(\Omega) = \sum_{B \subseteq \Omega} M(B)$。

**定义 6.5** 命题的似然函数 PI,$PI:2^{\Omega} \rightarrow [0,1]$,$PI(A) = 1 - Bel(-A), A \subseteq \Omega$。PI 函数称为上限函数,表示对 $A$ 非假的信任程度,即表示对 $A$ 似乎可能成立的不确定性度量。

信任函数和似然函数有如下关系:$PI(A) \geqslant Bel(A), A \subseteq \Omega$。

$A$ 的不确定性由下式表示:$\mu(A) = PI(A) - Bel(A)$。

对偶 $(Bel(A), PI(A))$ 称为信任空间。

**3. D-S 证据理论的合成规则**

设 $M_1$ 和 $M_2$ 是 $2^{\Omega}$ 上两个概率分配函数,则其正交和 $M(M = M_1 + M_2)$ 定义为:

$$M(\Phi) = 0, A = \Phi$$

$$M(A) = c^{-1} \sum_{A_1 \cap A_2 = A} M_1(A_1) M_2(A_2), A \neq \Phi$$

其中，$c = 1 - \sum\limits_{A_1 \cap A_2 = \Phi} M_1(A_1) M_2(A_2) = \sum\limits_{A_1 \cap A_2 \neq \Phi} M_1(A_1) M_2(A_2)$。

**4. 单传感器多测量周期可信度分配的融合**

设 $M_j(A_k)(k = 1, 2, \cdots, K)$ 表示传感器在第 $j(j = 1, 2, \cdots, J)$ 个测量周期对命题的可信度分配值，则该传感器依据个周期的测量积累对命题的融合后验可信度分配为：

$$M(A_k) = c^{-1} \sum_{\cap A_m = A_k} \prod_{1 \leqslant j \leqslant J} M_j(A_m), m = 1, 2, \cdots, K$$

其中

$$c = 1 - \sum_{\cap A_k = \Phi} \prod_{1 \leqslant j \leqslant J} M_j(A_k) = \sum_{\cap A_k \neq \Phi} \prod_{1 \leqslant j \leqslant J} M_j(A_k)$$

**5. 多传感器多测量周期可信度分配的融合**

设 $M_{sj}(A_k)$ 表示第 $s(s = 1, \cdots, S)$ 个传感器在第 $j(j = 1, \cdots, n)$ 个测量周期对命题 $A_k(k = 1, \cdots, K)$ 的可信度分配，那么 $A_k$ 融合后验可信度分配如何计算呢？中心式计算的步骤如下所示。

① 计算每一传感器根据各自 $j$ 个周期的累积量测所获得的各个命题的融合后验可信度分配：

$$M_s(A_k) = c_s^{-1} \sum_{\cap A_m = A_k} \prod_{1 \leqslant j \leqslant J} M_{sj}(A_m), m = 1, \cdots, K$$

其中：

$$c_s = 1 - \sum_{\cap A_m = \Phi} \prod_{1 \leqslant j \leqslant J} M_{sj}(A_m) = \sum_{\cap A_m \neq \Phi} \prod_{1 \leqslant j \leqslant J} M_{sj}(A_m)$$

② 对所有传感器的融合结果再进行融合处理，即：

$$M(A_k) = c^{-1} \sum_{\cap A_m = A_k} \prod_{1 \leqslant s \leqslant S} M_s(A_m), m = 1, \cdots, K$$

其中：

$$c = \sum_{\cap A_m \neq \Phi} \prod_{1 \leqslant s \leqslant S} M_s(A_m)$$

下面列举一个实例。

假设空中目标可能有 10 种机型，4 个机型类（轰炸机、大型机、小型机、民航），3 个识别属性（敌、我、不明）。下面列出 10 个可能机型的含义，并用一个 10 维向量表示 10 个机型。对目标采用中频雷达、ESM 和 IFF 传感器探测，考虑这 3 类传感器的探测特性，给出表 6-3 中所示的 19 个有意义的识别命题及相应的向量表示。

表 6-3　传感器的识别命题及相应的向量表示

| 序　号 | 机　型 | 向量表示 | 序　号 | 含　义 | 向量表示 |
|---|---|---|---|---|---|
| 1 | 我轰炸机 | 1000000000 | 11 | 我小型机 | 0011000000 |
| 2 | 我大型机 | 0100000000 | 12 | 敌小型机 | 0000001010 |
| 3 | 我小型机 1 | 0010000000 | 13 | 敌轰炸机 | 0000100100 |
| 4 | 我小型机 2 | 0001000000 | 14 | 轰炸机 | 1000100100 |
| 5 | 敌轰炸机 1 | 0000100000 | 15 | 大型机 | 0100010000 |
| 6 | 敌大型机 | 0000010000 | 16 | 小型机 | 0011001010 |

| 序 号 | 机 型 | 向量表示 | 序 号 | 含 义 | 向量表示 |
|---|---|---|---|---|---|
| 7 | 敌小型机 1 | 0000001000 | 17 | 敌 | 0000111110 |
| 8 | 敌轰炸机 2 | 0000000100 | 18 | 我 | 1111000000 |
| 9 | 敌小型机 2 | 0000000010 | 19 | 不明 | 1111111111 |
| 10 | 民航机 | 0000000001 | | | |

对于中频雷达、ESM 和 IFF 传感器,假设已获得两个测量周期的后验可信度分配数据:

$M_{11}$({民航},{轰炸机},{不明})=(0.3,0.4,0.3)

$M_{12}$({民航},{轰炸机},{不明})=(0.3,0.5,0.2)

$M_{21}$({敌轰炸机 1},{敌轰炸机 2},{我轰炸机},{不明})=(0.4,0.3,0.2,0.1)

$M_{22}$({敌轰炸机 1},{敌轰炸机 2},{我轰炸机},{不明})=(0.4,0.4,0.1,0.1)

$M_{31}$({我},{不明})=(0.6,0.4)

$M_{32}$({我},{不明})=(0.4,0.6)

其中,$M_{sj}$ 表示第 $s$ 个传感器($s=1,2,3$)在第 $j$ 个测量周期($j=1,2$)上对命题的后验可信度分配函数。

$$c_1 = M_{11}(民航)M_{12}(民航) + M_{11}(民航)M_{12}(不明) + M_{11}(不明)M_{12}(民航) +$$
$$M_{11}(轰炸机)M_{12}(轰炸机) + M_{11}(不明)M_{12}(轰) + M_{11}(轰)M_{12}(不明) +$$
$$M_{11}(不明)M_{12}(不明)$$
$$=0.24+0.43+0.06=0.73$$

或者另一种方法:

$$c_1 = 1-\{M_{11}(民航)M_{12}(轰炸机) + M_{11}(轰炸机)M_{12}(民航)\}$$
$$=1-(0.3\times0.5+0.4\times0.3)=0.73$$

$$\sum_{\cap A_j=民航} \prod_{1\leqslant j\leqslant 2} M_{1j}(A_j) = M_{11}(民航)M_{12}(民航) + M_{11}(民航)M_{12}(不明) + M_{11}(不明)M_{12}(民航) = 0.24$$

从而:

$$M_1(民航)=0.24/0.73=0.328\ 76$$

同理可得:

$M_1$(轰炸机)=0.43/0.73=0.589 04  $M_2$(我轰炸机 2)=0.05/0.49=0.102 4

$M_1$(不明)=0.06/0.73=0.082 2  $M_2$(不明)=0.01/0.49=0.020 408

$M_2$(敌轰炸机 1)=0.24/0.49=0.489 79  $M_3$(我机)=0.76/1=0.76

$M_2$(敌轰炸机 2)=0.19/0.49=0.387 55  $M_3$(不明)=0.24/1=0.24

故

$$c = 1-\{M_1(不明)M_2(敌轰 1)M_3(我机) + M_1(不明)M_2(敌轰 2)M_3(我机) +$$
$$M_1(民航)M_2(敌轰 1)M_3(我机) + M_1(民航)M_2(敌轰 1)M_3(不明) +$$
$$M_1(民航)M_2(我轰)M_3(我机) + M_1(民航)M_2(我轰)M_3(不明)\} +$$
$$M_1(民航)M_2(不明)M_3(我机)$$
$$=1-0.771=0.229$$

$M(轰炸机) = 0.002\ 885/0.229 = 0.012\ 598$

$M(敌轰炸机\ 1) = 0.078\ 9/0.229 = 0.344\ 54$

$M(敌轰炸机\ 2) = 0.062\ 46/0.229 = 0.352\ 8$

$M(我轰炸机) = 0.080\ 8/0.229 = 0.352\ 8$

$M(我机) = 0.001\ 275/0.229 = 0.005\ 567$

$M(民航) = 0.002\ 28/0.229 = 0.01$

$M(不明) = 0.000\ 403/0.229 = 0.001\ 76$

### 6.4.3 其他方法

**1. 卡尔曼滤波**

卡尔曼滤波(KF)用于实时融合动态的低层次冗余传感器数据,该方法用于测量模型的统计特性,递推决定统计意义下最优融合数据合计。如果系统具有线性动力学模型,且系统噪声和传感器噪声可用高斯分布的白噪声模型来表示,KF 为融合数据提供唯一的统计意义下的最优估计,KF 的递推特性使系统数据处理不需大量的数据存储和计算。KF 分为分散卡尔曼滤波(DKF)和扩展卡尔曼滤波(EKF)。DKF 可实现多传感器数据融合完全分散化,其优点:每个传感器节点失效不会导致整个系统失效。而 EKF 的优点:可有效克服数据处理不稳定性或系统模型线性程度的误差对融合过程产生的影响。

**2. 神经网络**

神经网络是由大量的神经元连接而成的,是一种大规模、分布式的神经元处理系统。由于信息融合过程接近人类思维活动,与人脑神经系统有较强的相似性,因此利用神经网络的结构优势和高速的并行运算能力进行多维信息融合处理是一种有效的技术途径。

**3. 模糊理论**

模糊理论是基于分类的局部理论,最先由 Zadob 于 1965 年提出。模糊理论进一步放宽了概率论定义中的制约条件,从而可以对数字化信息进行宽松建模。其对估计过程的模糊扩展可以解决信息或判决的冲突问题。

我们对本节中提到的 4 种主要数据融合方法进行比较,如表 6-4 所示。

表 6-4　几种数据融合方法的比较

| 算 法 | 优 点 | 缺 点 |
| --- | --- | --- |
| Bayes 准则 | ① 直观性好,具有公理基础<br>② 易于理解,计算中等 | ① 要求给出先验概率和概率独立假设<br>② 适应条件苛刻,要求统一的识别框架<br>③ 不能区分"不确定"和"不知道"信息 |
| 证据理论 | ① 具有较强理论基础<br>② 不要求给出先验概率<br>③ 能区分"不确定"和"不知道"信息 | ① 计算具有潜在的指数复杂度<br>② 推理链较长时,使用不方便 |
| 模糊集理论 | ① 可解决信息或决策冲突问题<br>② 可是现主、客观件的信息融合 | ① 算法原理直观性不好<br>② 运算复杂 |
| 神经网络 | ① 具有较强的特征分类与映射能力<br>② 很强的自适应能力<br>③ 并行处理,运算效率高 | ① 寻找全局最优解较为困难<br>② 学习过程运算量大 |

# 课后习题

**一、名词解释**

数据融合　数据级融合　贝叶斯方法　证据理论

**二、单项选择题**

1. 数据融合的缺点,不包括(　　)。

A. 有延迟 　　　　　　　　　　　B. 牺牲健壮性

C. 降低信息准确度 　　　　　　　D. 丢失冗余信息

2. (　　)融合保持较多原始信息,通信带宽要求高。

A. 数据级 　　　B. 特征级 　　　C. 决策级 　　　D. 综合级

3. 数据融合的数学模型涉及的理论可分为 3 类,不包括(　　)。

A. 随机方法 　　　B. 证据组合法 　　　C. 层次方法 　　　D. 人工智能法

**三、简答题**

1. 数据融合具有哪些显著特点?

2. 根据多传感器数据融合模型定义方法和无线传感器网络自身特点,数据融合可划分为哪些不同的形式?

3. 传感器信息融合的一般方法有哪些?

4. 物联网中,数据融合技术遇到的挑战是什么?

# 第 7 章　物联网中的信息安全

**前　言**

　　物联网在为人们带来便利的同时,信息安全的防护也随之而来。如果物联网中的隐私、信息被恶意窃取和修改,危害将比互联网大得多。物联网架构分为 3 个层次,每层都有自己的安全威胁和攻击防护方法。

**教学目标**

| 知识要点 | 能力要求 |
|---|---|
| 掌握物联网感知层安全技术特点 | ① 了解物联网感知层面临的风险<br>② 掌握 RFID 的隐私威胁和保护方法 |
| 掌握物联网网络层安全的威胁和安全路由协议 | ① 了解网络层易受到的攻击<br>② 掌握已有的安全路由协议 |
| 了解物联网应用层安全和隐私保护 | ① 了解应用层的安全问题<br>② 了解隐私保护的概念<br>③ 了解位置隐私问题 |

**推荐资料**

[1]　林巧民.物联网安全及隐私保护中若干关键技术研究.南京:南京邮电大学博士论文,2014.

[2]　杨光,耿贵宁.物联网安全威胁与措施.清华大学学报(自然科学版),2011(10):1335-1340.

[3]　马春光.无线传感器网络安全.哈尔滨工程大学.

　　随着各个国家对物联网越来越重视,物联网在军事、工业、农业、环境监测、建筑、医疗、空间和海洋探索等领域已经投入或者即将投入应用,从这些发展态势来看,物联网不仅仅是社会生活层面的应用技术,更是国家战略层面的重要课题,涉及国家和民族未来的发展命运。从信息安全和隐私保护的角度,物联网终端(RFID、传感器、智能信息设备)的广泛引入

在提供丰富信息的同时,也增加了暴露这些信息的危险,因此信息安全在物联网的发展过程中逐步成为越来越重要的环节,各国在物联网信息安全方面的研究也越来越多。

我们知道,物联网是通过能够获取物体信息的传感器来进行信息采集的,通过泛在网络进行信息的传输和交换,通过信息处理系统进行信息的加工和决策。从这个过程中可以抽象出 3 个互联网要素,即传感器件、泛在网络、信息处理设备。

物联网安全的总体需求就是物理安全、信息采集安全、信息传输安全和信息处理安全的综合,安全的最终目标是确保信息的保密性、完整性、真实性和网络的容错性。根据物联网的安全层次模型及体系结构,由低到高分布:感知层(信息采集安全、物理安全)、网络层(网络与信息系统安全)、应用/中间件层(信息处理安全)。

在前面已经总结了物联网的 3 个要素,因此物联网的信息安全也主要集中在这 3 个方面的安全上,即传感器件的安全、泛在网络安全、信息处理设备安全。具体体现在:设备是否容易丢失和失窃造成网络不可用;设备是否简陋和缺乏计算能力不能进行高强度的加密运算;设备是否寿命短暂并对电源要求过高;部署在室外的物联网是否容易受到入侵和监听;智能设备和网关等节点是否会遭受病毒或者恶意软件的破坏;通过大量的传感数据的请求是否能够发起 DOS 攻击;通过重新配置传感器节点是否能够干扰物联网的正常工作。

# 7.1  物联网感知层安全

## 7.1.1  概述

物联网感知层的任务是实现智能感知外界信息功能,包括信息采集、捕获和物体识别,该层的典型设备包括 RFID 装置、各类传感器、图像捕捉装置、全球定位系统、激光扫描仪等,其涉及的关键技术包括传感器、RFID、自组织网络、近距离无线通信、低功耗路由等。

传感技术利用传感器和多跳自组织网,协作地感知、采集网络覆盖区域中估计对象的信息,并发布给上层。传感网络本身具有无线链路比较脆弱、网络拓扑动态变化、节点计算能力有限、存储能力有限、能源有限、无线通信过程中易受到干扰等特点,使得传统的安全机制无法应用到传感网络中。其面临的安全风险主要有以下几种。

(1)节点物理俘获:攻击者使用外部手段非法俘获传感器节点(网关节点和普通节点)。节点物理俘获分为两种情况:一种是普通节点捕获,能够控制节点信息的接收和发送,但并未获取节点的认证和传输密钥,无法篡改和伪造有效的节点信息进行系统攻击;另一种是完全控制,即获取了节点的认证和传输密钥,可以对整个系统进行攻击。该情况下,如果被俘获的节点为网关节点,那么整个网络的安全性将会全部丢失。

(2)传感信息泄露:攻击者可以轻易对单个或多个通信链路中传输的信息进行监听,获取其中的敏感信息。

(3)耗尽攻击:通过持续通信的方式耗尽节点能量。

(4)拥塞攻击:攻击者获取目标网络通信频率的中心频率后,通过在这个频点附近发射无线电波进行干扰,攻击节点通信半径内所有传感器节点无法正常工作。

(5)非公平攻击:攻击者不断发送高优先级的数据包从而占据信道,导致其他节点在通信过程中处于劣势。

（6）拒绝服务攻击：破坏网络的可用性，降低网络或者系统的某一期望功能的能力。

（7）转发攻击：类似于 RFID 系统中的重放攻击。

（8）节点复制攻击：攻击者在网络中多个位置放置被控制节点副本引起网络的不一致。

目前传感器网络安全技术主要包括基本安全框架、密钥分配、安全路由、入侵检测和加密技术等。

结合物联网感知技术特点和发展趋势，在物联网感知层的信息安全建设中应重点考虑以下几个方面。

（1）划分感知层子系统的安全等级

从信息安全（信息完整性、机密性、真实性、可用性等）的角度出发，根据具体的应用需求，划分感知层子系统的安全等级，明确各个安全级别所应具备的安全要素及其适用范围。

建议的射频识别系统安全等级划分如表 7-1 所示。

表 7-1  射频识别系统安全等级划分建议

| 密码安全要素 | 射频识别系统安全级别划分 | 1级 | 2级 | 3级 | 4级 |
|---|---|---|---|---|---|
| 机密性 | 存储信息的机密性 | | | √ | √ |
| 机密性 | 传输信息的机密性 | | | √ | √ |
| 完整性 | 存储信息的完整性 | | | √ | √ |
| 完整性 | 传输信息的完整性 | | | √ | √ |
| 抵赖性 | 抗电子标签原发抵赖 | | | | √ |
| 抵赖性 | 抗电子标签抵赖 | | | | √ |
| 抵赖性 | 抗读写抵赖 | | | | √ |
| 抵赖性 | 唯一标识符鉴别 | √ | | | |
| 身份鉴别 | 电子标签对读写器的挑战响应鉴别 | | | √ | √ |
| 身份鉴别 | 读写器对电子标签的挑战响应鉴别 | | √ | √ | √ |
| 访问控制 | | √ | √ | √ | |
| 密码算法 | 对称算法 | | √ | √ | √ |
| 密码算法 | 非对称算法 | | | | √ |
| 密码算法 | 密码杂凑函数 | | | | √ |
| 密钥管理 | | | √ | √ | √ |

（2）加强密钥管理系统的研究

感知层网络节点由于其计算资源的限制，多选择基于对称密钥体制的密钥管理协议，主要有 3 类：基于密钥分配中心方式、预分配方式和基于分组分簇方式。基于对称密钥体制的密钥管理系统往往只针对某些特殊的应用场景，且无法完全抵抗针对硬件的攻击或者内部攻击者（节点被俘获的情况）。基于非对称密钥体制的密钥管理协议虽然安全性更高，但计算复杂度大大增加，目前仍无法大规模应用于无线传感器网络。

因此面向物联网感知层的密钥管理系统必须提供轻量级的对称和非对称密码体制。轻量级密码算法的设计与实现是密钥管理系统研究中的一个重要内容。

（3）建立完善的安全路由机制

安全路由机制以保证网络在受到威胁和攻击时，仍能进行正确的路由发现、构建和维护为目标。目前，国内外学者提出的无线传感器网络路由协议，多以最小通信、计算、存储开销完成节点间的数据传输为目标，极易受到各类攻击。因此，针对各种安全威胁而设计的安全路由算法是需要研究的重点方向。

（4）加强节点的认证和访问控制机制

认证和访问控制机制能够防止未授权的用户访问物联网感知层的节点和数据，有效保障感知层的数据信息安全。目前，传感器网络中主要认证技术包括基于轻量级公钥算法的认证技术、基于预共享密钥的认证技术、随机密钥预分布的认证技术、基于单项散列函数的认证技术。与 RFID 领域研究较多的轻量级安全认证协议有很多相似之处，可以相互借鉴和融合。同时，在节点布设时，应充分考虑具体的应用需求和节点实际能力，植入相应等级的认证和访问控制机制。

（5）建立有效的容侵容错机制

感知网络缺少传统网络中物理上的安全保障，节点极易受到攻击（俘获、毁坏或妥协）。因此，建立有效的容侵容错机制对于保障感知网络的正常运行至关重要。容侵容错机制设计时应充分考虑各种应用环境与攻击手段，处理好误检率和漏检率之间的平衡问题。

## 7.1.2　RFID 安全问题

RFID 是一种非接触式的自动识别技术，也是一种简单的无线系统，该系统用于控制、检测和跟踪物体。通常采用 RFID 技术的网络涉及的主要安全问题有标签本身的访问缺陷、通信链路的安全、移动 RFID 的安全。

2008 年 8 月，美国麻省理工学院的 3 名学生宣布成功破解了波士顿地铁资费卡。而且世界各地的公共交通系统都采用几乎同样的智能卡技术，因此使用他们的破解技术可以免费搭车游世界。严峻的安全现状让我们不得不问：RFID 产品有无相关的安全和隐私规范？这些规范又为 RFID 标签提供了哪些保护？

全球电子产品编码组织（EPC global）在超高频第一类第二代标签空中接口规范中说明 RFID 标签需支持"灭活""锁"和访问控制密码等功能组件。2009 年 5 月，欧盟委员会发布《RFID 隐私和数据保护的若干建议》，强调欧盟在物联网隐私及安全方面的多项建议。RFID 标准组织已经公布一系列相关安全标准，且对 RFID 隐私保护越来越重视，相信在不久将来会有更多相关标准出台。

由于 RFID 标签使用量大，必须控制单个标签成本。目前广泛使用的被动式标签价格约 10 美分，包含 5 000～10 000 个逻辑门，而要在标签芯片中实现 SHA-1 等成熟 Hash 算法需要 3 000～4 000 个逻辑门。一个基本的 RFID 系统主要由 RFID 标签、阅读器和后台服务器三部分组成。

**1. RFID 系统可能面临的安全隐患**

（1）窃听

由于 RFID 标签和阅读器之间通过无线广播方式进行数据传输，攻击者有可能窃听到传输的内容，并利用这些信息进行身份欺骗或者偷窃。

（2）中间人攻击

攻击者先伪装成一个阅读器靠近标签，在标签携带者毫无知觉的情况下进行读取。然后攻击者将从标签中获取的信息直接或经过处理后发送给合法的阅读器,达到攻击者的各种目的。

（3）物理破解

廉价标签通常没有防破解机制,容易被攻击者破解,获取其中的安全机制和所有隐私信息。

（4）篡改信息

一种非授权的修改或擦除 RFID 标签上的数据。攻击者可以让物品所附着的标签传达他们想要的信息。

（5）RFID 病毒

攻击者事先把病毒代码写入到标签中,然后让合法的阅读器读取其中的数据,病毒可能被注入系统中并迅速传播,摧毁整个系统及重要资料。

**2. RFID 隐私威胁**

RFID 技术面临的主要隐私问题有隐私信息泄露和跟踪,跟踪是指通过获取 RFID 标签上的信息,攻击者可以标注标签携带者或者物体,进而跟踪标签携带者。

（1）信息隐私

信息隐私（Data Privacy）是指攻击者通过 RFID 阅读器获得 RFID 标签中的信息,并以此为基础获得个人或组织的其他关联信息。依据隐私侵犯方法,信息隐私包括两类——直接信息隐私和间接信息隐私。

① 直接信息隐私

直接信息隐私是攻击者通过 RFID 标签直接获得隐私信息。例如,在符合电子产品码（Electronic Production Code,EPC）标准的 RFID 标签中,包含产品类别等信息。因此,攻击者通过 RFID 阅读器扫描用户身上的 RFID 标签后,通过分析其对象类别编码,就可以直接知晓该标签对应的产品类型。关联威胁、偏好威胁等都属于典型的直接隐私。

② 间接信息隐私

间接信息隐私是指通过对一个或多个标签所对应的产品类型等进行深入分析和推理,并结合社会学等知识,归纳、总结和推导出这些标签所对应的个人隐私信息。例如,通过分析单个 RFID 标签所对应的药品,可以知道该用户的疾病隐私信息,而攻击者通过手持式阅读器持扫描顾客身上的多个 RFID 标签,可获得顾客持有的所有物品信息,从而从中推断出顾客的个人喜好或购买偏好,社会关系威胁和垃圾收集威胁等都属于典型的间接隐私。

（2）位置隐私

位置隐私（Location Privacy）是指攻击者通过采集一个或多个 RFID 标签的标签特征（Tag Features）,对该标签特征对应的目标（如人或车）进行位置定位或跟踪。标签特征是指一个 RFID 标签有别于其他 RFID 标签的特殊性质,标签特征可用来唯一识别该标签,标签特征可以是包含在 RFID 标签中的唯一标识符,也可以是标签本身的射频物理特征,包含在 RFID 标签中的唯一标识符（如 96 位的 EPC 编码）是最为重要的标签特征。由于不同厂商对 RFID 物理空中接口的定义不同,RFID 标签的设计、制造和测试工艺不同,甚至所采用的标准也不同,因此某些特殊射频信号特征,如频率、传输调制、数据编码等射频物理特性,也可以作为标签特征。

除了跟踪用户的单个物理位置外,攻击者也有可能根据长期观测结果建立用户的位置移动轨迹,进而推断并预测用户的个人行为。为了侵犯位置隐私,首先必须建立一个或多个

标签特征与个人身份之间的关联关系（Mapping Relationship），建立该关联关系的方法很多，例如，通过对个人全身佩戴物的罗列建立个人的 RFID 档案，或者当你购买某件贴有 RFID 标签的服饰的信息被故意或无意泄露等。

根据侵犯隐私的方法不同，位置隐私可分为物理位置隐私和运动轨迹隐私。

① 物理位置隐私

物理位置隐私（Physic Location Privacy）也称定位隐私，是指通过在特定物理区域部署 RFID 阅读器，对出现在该区域的 RFID 标签进行监控，识别出在该监控区域出现的目标，从而获得目标的物理位置。例如，在知道你某个 RFID 标签（如手表上的 RFID 标签）的情况下，攻击者若想知道你是否会在某个珠宝店出现，只需通过手持式 RFID 阅读器对该珠宝店进行扫描。同样，如果攻击者通过手持式 RFID 阅读器在药店某特定药物周围对 RFID 标签扫描，也可以识别出购买该药品的潜在人员。

② 运动轨迹隐私

运动轨迹隐私（Moving Trace Privacy）是指通过对一个或多个 RFID 标签进行一段时间的观测和记录，从而建立其运动历史轨迹，并以此预则其未来运动轨迹，进而获得隐私信息。与获得物理位置隐私信息不同，获得运动轨迹隐私信息必须对 RFID 标签进行跟踪观测和记录，因此可能需要在不同的物理地点设置 RFID 阅读器（或采用移动式 RFID 阅读器）扫描在该范围内出现的 RFID 标签。

例如，如果商场的商家联合对出现在各自销售区域的 RFID 标签进行记录，并彼此交换信息，则很容易建立顾客在商场的运动轨迹模型，从而推断顾客的个人喜好等隐私。

各类隐私的简要描述、隐私威胁的实施难度以及隐私被侵犯后的威胁总结如表 7-2 所示。

表 7-2　隐私性分类总结

| 隐私分类 | 描述 | 实施难度 | 危害 |
| --- | --- | --- | --- |
| 直接信息隐私 | 通过 RFID 标签直接获得的隐私 | 容易 | 大 |
| 间接信息隐私 | 对 RFID 标签数据进行分析获得的隐私 | 容易 | 较小 |
| 物理位置隐私 | 通过标签数据获得目标的物理位置信息 | 较难 | 大 |
| 运动轨迹隐私 | 通过标签数据的分析获得目标的运动轨迹信息 | 很难 | 极大 |

一般而言，侵犯直接信息技术难度低，而且由于数据准确，因此危害大。间接隐私由于包含推理和综合分析的内容，因此准确性难以保证，因此危害性较小。物理位置隐私需要在指定物理区域部署多个 RFID 阅读器或者借助手持式阅读器，因此成本较高，技术难度较大。但是由于物理位置隐私可能涉及用户很多敏感内容，因此危害性大。运动轨迹隐私必须借助多个物理位置的阅读器数据，因此技术难度最大，但其危害性也极大。

此外，信息隐私与位置隐私反映了的隐私性的不同方面，二者既有不同点，相互之间也有关联。信息隐私具有静态性，是对攻击目标某一性质的描述；位置隐私是对目标隐私性的动态描述，位置隐私的侵犯一般需要借助信息隐私来实现。

**3. RFID 隐私保护对 RFID 标签的安全性要求**

通过以上对 RFID 隐私分类和隐私攻击方法的分析可知，RFID 隐私问题的根源是 RFID 标签的唯一性和标签数据的易获得性，因此 RFID 标签安全需求如下所示。

（1）RFID 标签 ID 匿名性

标签匿名性（Anonymity）是指标签响应的消息不会暴露出标签身份的任何可用信息。加密是保护标签响应的方法之一，但是尽管标签的数据经过了加密，如果加密的数据在每轮协议中都是固定的，攻击者仍然能够通过唯一的标签标识分析出标签的身份，因为攻击者可以通过固定的加密数据来确定每一个标签.因此，它是标签信息隐蔽的重要方法。

（2）RFID 标签 ID 随机性

正如前面分析，即便对标签 ID 信息加密，因为标签 ID 是固定的，未授权扫描也将侵害标签持有者定位隐私。如果标签的 ID 为变量，标签每次输出都不同，隐私侵犯者不可能通过固定输出获得同一标签信息，从而可以在一定范围内解决 ID 追踪问题和信息推断的隐私威胁问题。

（3）RFID 标签前向安全性

RFID 标签的前向安全是指隐私侵犯者即便获得了标签存储的加密信息，也不能回溯当前信息而获得标签历史事件数据。也就是说，隐私侵犯者不能通过联系当前数据和历史数据对标签进行分析获得消费者隐私信息。

（4）RFID 标签访问控制

RFID 标签的访问控制是指标签可以根据需要确定读取 RFID 标签数据的权限。通过访问控制，可以避免未授权 RFID 读写器的扫描，并保证只有经过授权的 RFID 读写器才能获得 RFID 标签及相关隐私数据。访问控制对于实现 RFID 标签隐私保护具有重要的作用。

**4. RFID 隐私保护方法分类**

根据对 RFID 隐私、隐私攻击方法及技术手段和隐私安全需求的分析，RFID 隐私保护的基本方法包括：

- 改变关联性，改变 RFID 标签与具体目标（如人）的关联性；
- 改变唯一性，改变 RFID 标签输出信息的唯一性；
- 隐藏信息，隐藏 RFID 标签标识符及 RFID 标签中存储的数据。

（1）改变关联性

所谓改变 RFID 标签与具体目标的关联性，就是取消 RFID 标签和其所属依附物品之间的联系。例如，购买粘贴有 RFID 标签的钱包后，该 RFID 标签与钱包之间就建立了某种联系，而改变它们之间的关联，就去采用技术和非技术手段，取消它们之间已经建立的关联（如将 RFID 标签丢弃）。改变 RFID 标签与具体目标的关联性的基本方法包括丢弃、销毁、睡眠。

① 丢弃

丢弃（discarding）是指将 RFID 标签从物品上取下来后遗弃。例如，购买基于 RFID 标签的依附后，将附带的 RFID 标签丢弃。丢弃不涉及技术手段，因此简单、易行，但是丢弃的方法存在很多问题：首先，采用 RFID 技术的目的不仅仅是销售，它还包含售后、维修等环节，因此，如果简单地丢弃 RFID 标签后，在退货、换货、维修、售后服务等方面都可能面临很多问题；其次，丢弃后的 RFID 标签会面临前面所述的垃圾收集威胁，因此并未能解决隐私问题；最后，如果处理不当，RFID 标签的丢弃也会带来环保等问题。

② 销毁

销毁(killing)是指让 RFID 标签进入永久失效状态。销毁可以是毁坏 RFID 标签的电路,也可以是销毁 RFID 标签的数据。例如,如果破坏了 RFID 标签的电路,则不仅该标签无法向 RFID 阅读器返回数据,对其进行物理分析也可能无法获得相关数据。销毁需要借助技术手段,对普通用户而言可能存在一定的困难,一般需要借助特定的设备来实现,因此实现难度较大。与丢弃相比,由于标签已经无法继续使用,因此不存在垃圾收集等威胁,但是在标签被销毁后,也会面临售后服务等问题。

③ 睡眠

睡眠(sleeping)是通过技术或非技术手段让标签进入暂时失效状态,当需要的时候可以重新激活标签。这种方法具有显著优点:由于可以重新激活,因此避免了售后服务等需要借助 RFID 标签的问题,而且也不会存在垃圾收集攻击和环保等问题。但与销毁一样,需要借助专业人员才能实现标签睡眠。

(2) 改变唯一性

改变 RFID 标签输出信息的唯一性是指 RFID 标签在每次响应 RFID 读写器的请求时,返回不同的 RFID 序列号。无论是跟踪攻击还是罗列攻击,很大程度上是由于 RFID 标签每次返回的序列号都相同。因此,解决 RFID 隐私的另外一个方法是改变序列号的唯一性。改变 RFID 标签数据需要技术手段支持,根据所采用技术不同,主要方法包括基于标签重命名的方法和基于密码学的方法。

① 基于标签重命名的方法

基于标签重命名的方法是指改变 RFID 标签响应读写器请求的方式,每次返回一个不同的序列号。例如,在购买商品后,可以去掉商品标签的序列号而保留其他信息(如产品类别码),也可以为标签重新写入一个序列号。由于序列号发生了改变,因此攻击者无法通过简单的攻击来破坏隐私性。但是,与销毁等隐私保护方法相似,序列号改变后带来的售后服务等问题需要借助其他技术手段来解决。

② 基于密码学的方法

基于密码学的方法是指加解密等方法,确保 RFID 标签序列号不被非法读取。例如,采用对称加密算法和非对称加密算法对 RFID 标签数据以及 RFID 标签和阅读器之间的通信进行加密,使得一般攻击者由于不知道密钥而难以获得数据。同样,在 RFID 标签和读写器之间进行认证,也可以避免非法读写器获得 RFID 标签数据。从安全的角度来看,基于密码学的方法可以在根本上解决 RFID 隐私问题,但是由于成本和体积的研制,在普通 RFID 标签上实现典型的加密方法(如数据加密标准算法)几乎难以实现。因此,基于密码学的方法虽然具有较强的安全性,但对成本等带来了巨大的挑战。

(3) 隐藏信息

隐藏 RFID 标签是指通过某种保护手段,避免 RFID 标签数据被读写器获得,或者阻挠读写器获取标签数据。隐藏 RFID 标签的基本方法包括基于代理的方法、基于距离测量的方法、基于阻塞的方法等。

① 基于代理的 RFID 标签隐藏技术

在基于代理的 RFID 标签隐藏技术中,被保护的 RFID 标签与读写器之间的数据交互不是直接进行的,而是借助一个第三方代理设备(如 RFID 读写器)。因此,当非法读写器试图获得标签的数据时,实际响应是由这个第三方代理设备所发送的。由于代理设备功能比一般的标签强大,因此可以实现加密、认证等很多在标签上无法实现的功能,从而增强隐私保护。基于代理的方法可以对 RFID 标签的隐私起到很好的保护作用,但是由于需要额外的设备,因此成本高,实现复杂。

　　② 基于距离测量的 RFID 标签隐藏技术

　　基于距离测量的 RFID 标签隐藏技术是 RFID 标签测量自己与读写器之间的距离,依据距离的不同而返回不同的标签数据。一般来说,为了隐藏自己的攻击意图,攻击者与被攻击者之间需要保持一定的距离。而合法用户(如用户自己)获得 RFID 标签数据可以近距离进行。因此,如果标签可以知道自己与读写器之间的距离,则可以认为距离较远的读写器,其具有攻击意图的可能较大,因此可以返回一些无关重要的数据;而当收到近距离的读写器的请求时,则返回正常数据。通过这种方法,可以达到隐藏 RFID 标签的目的。

　　基于距离测量的标签隐藏技术对 RFID 标签有很高要求,而且要实现距离的精确测量也非常困难。此外,如何选择合适的距离作为评判合法读写器和非法读写器的标准,也是一个非常复杂的问题。

　　③ 基于阻塞的 RFID 标签隐藏技术

　　基于阻塞的 RFID 标签隐藏技术是通过某种技术,妨碍 RFID 读写器对标签 Tag 数据的访问。阻塞的方法可以通过软件实现,也可以通过一个 RFID 设备来实现。此外,通过发送主动干扰信号,也可以阻碍读写器获得 RFID 标签数据。

　　与基于代理的标签隐藏方法相似,基于阻塞的标签隐藏方法成本高、实现复杂,而且如何识别合法读写器和非法读写器也是一个难题。

　　各种隐私保护方法的比较分析如表 7-3 所示。

表 7-3　隐私保护方法的比较分析

| 保护方法 | 描　　　　述 | 有效性 | 成　本 | 实用性 |
|---|---|---|---|---|
| 丢弃 | 将 RFID 标签遗弃 | 低 | 低 | 差 |
| 销毁 | RFID 标签进入永久失效状态 | 非常高 | 低 | 差 |
| 睡眠 | 让 RFID 标签进行暂时失效状态 | 高 | 低 | 强 |
| 基于重命名的方法 | 改变 RFID 标签响应读写器的方式,每次返回不同的数据 | 高 | 低 | 强 |
| 基于密码学的方法 | 采用密码学的方法保证 RFID 标签数据不被非法获取 | 高 | 高 | 差 |
| 基于代理的方法 | 采用第三方设备代替标签响应读写器的请求 | 高 | 高 | 较强 |
| 基于距离测量的方法 | 依据标签与读写器之间不同的距离返回不同的标签数据 | 高 | 高 | 差 |
| 基于标签阻塞的方法 | 采用技术手段干扰非法读写器与的攻击 | 高 | 高 | 较强 |

　　丢弃的方法不仅无法保护 RFID 隐私,而且还会带来售后服务和环保等问题,因此实用性很差;销毁的方法虽然可以很好地保护 RFID 隐私,而且成本很低,但是由于存在售后服务等问题,因此实用性差;基于睡眠的方法可以较好地保护 RFID 的隐私,成本低,因此实用性强;基于重命名的方法由于改变了序列号的唯一性,因此隐私保护效果好,实用性较强;基于密码学的方法会提高 RFID 标签的成本,因此实用性较差;基于代理的方法、基于距离测量的方法和基于阻塞的方法都需要额外的设备,因此成本高,其实用性取决于应用需求。

### 5. 典型的 RFID 隐私保护方法分析

基于改变 RFID 标签与具体目标关联性的隐私保护技术如下所示。

（1）可移出式标签隐私保护方法

在可移出式标签隐私保护技术中，所采用的 RFID 标签为可移出式（Removable Tag），当不需要保护隐私时，将标签从产品上取走，从而达到保护的目的。但是，由于取走了标签即失去了 RFID 的优势，如在产品维修等方面带来困难。此外，标签移出后如何保存和处理也是一个难题。如果处置不当，可能会带来垃圾收集威胁和环保等问题。因此，从严格意义来说，可去除式标签不是一个隐私保护方法。

（2）可修改式标签

另外一种修改标签信息的方法是在物理上提供修改标签的功能（Clipped Tag）。在文献中作者提出：通过从封装等物理特性角度考虑 Tag 设计，使得用户可以从物理上修改标签状态，从而防止信息泄露。有两种实现这项功能的 Tag 的设计方法（如图 7-1 所示）。在图 7-1 中，标签芯片和天线之间有一隔离层，该隔离层可以是可刮除材料（如图 7-1（a）所示），或一个可去除式窄带（如图 7-1（b）所示），或可去除式外层（如图 7-1（c）所示）。当需要避免标签数据被非法读取来提供隐私保护时，只需去掉可刮除材料、窄带或外层，就可以隔断天线和芯片之间的连接，从而使标签从物理上失效。

该方法的优点是用户操作非常简单，不需要额外的工具或 RFID 读卡器。其缺点是设计成本高，一般情况是对 RFID 标签不可恢复的破坏。当然，采用较高的技术手段，攻击者可以通过重新贴上层材料，从而恢复天线和芯片之间的连接，重新获得标签上的数据。

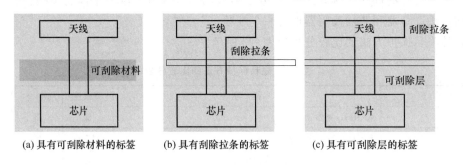

(a) 具有可刮除材料的标签　　(b) 具有刮除拉条的标签　　(c) 具有可刮除层的标签

图 7-1　可修改式标签

（3）标签支持终止命令的方法

"灭活"标签机制（使标签失效：杀死标签和沉睡标签）由三大 RFID 标准组织之一的 Auto-ID Center（自动识别中心）提出，其原理是：当商品交付时，杀死商品上的 RFID 标签或使其进入睡眠状态，使标签丧失功能，从而标签不会响应攻击者的扫描，进而防止了对标签及其携带者的跟踪，有效防止用户隐私的泄露。

所谓标签支持终止命令的方法，是指 Tag 支持终止（Kill）命令，使自己进入永久失效状态（所谓永久失效状态（Dead），是指通过物理的方法破坏标签的内部结构，使之无法响应任何 RFID 读卡器的读写请求，其内部数据也无法恢复）。实现 Kill 命令的方式可以是毁坏电源，也可以是电路短路等方式。许多商用 RFID 标签都支持终止命令。

对于支持 Kill 命令的标签，用户只需要使用 Reader 向 Tag 发送 Kill 命令，后者可自动进入失效状态，从而确保隐私信息不会泄露。Kill 协议如下所示。

条件：Tag 支持 Kill 命令。

结果：Tag 执行 Kill 命令后进入永久失效状态。

协议：

① R→T：Kill Command。

② T：自毁并进入永久失效状态。

杀死标签使标签无法循环使用，造成浪费。沉睡标签虽然可以循环使用，但操作较复杂，且安全性有限。该方法对 RFID 标签无特殊要求，其缺点是存在安全隐患。由于没有安全保障机制，任何人都可以通过读卡器向标签发送 Kill 命令，从而直接使得 Tag 失效。例如，恶意攻击者可以通过发送 Kill 命令发动攻击，使不应该进入睡眠的标签进入睡眠状态，从而破坏 RFID 系统的可用性。

（4）标签支持口令保护的终止命令方法

支持口令保护的终止命令方法基本功能与 Kill 命令方式相同，但 Tag 在收到该终止命令后，必须验证发送该 Kill 命令的读卡器的合法性。验证过程通过验证一个受保护的口令（PIN）来实现。例如，对于 EPC Class-1 和 Gen-2 类型的 Tag，它会在本地存储区存储一个32 位的唯一标识符（PIN）。当读卡器向 Tag 发送 Kill 命令时，必须同时向标签发送 PIN。Tag 收到 Kill 命令及相应的 PIN 之后，与本地存储的 PIN 进行比较：如果相同，则验证通过，Tag 进入失效状态；否则，忽略该 Kill 命令。具有 PIN 保护的 Kill 方法如下所示。

条件：Tag 支持 Kill 命令；每个 Tag 存储一个 PIN。

结果：Tag 验证 PIN 后执行 Kill 命令，并进入永久失效状态协议。

① R→T：Kill Command||PIN。

② T：与本地 PIN 比较，如果相同，则进入失效状态；否则，忽略。

与简单的终止-睡眠方法相似，该方法的优点是简单，对 RFID 标签要求低，即 RFID 标签只需具备存储 PIN 的能力即可。其缺点是存在前向安全隐患。由于所发送的 PIN 是明文传送，因此易被攻击者截获。获得该 PIN 的信息后，攻击者可以将该 PIN 和以前的信息关联起来，进而利用该 PIN 获得 Tag 以前的信息，破坏 RFID 的前向保密性。由于需要存储 PIN，对 RFID 成本略有增加。此外，当存在大量 RFID 标签时，RFID 读卡器需要存贮所有标签的 PIN，因此，存储和更新 PIN 也是一个极大的问题。

（5）标签支持睡眠命令的方法

标签支持睡眠命令的方法的基本思路和支持 PIN 保护的 Tag 相同，只是当验证 PIN 并通过后，Tag 进入睡眠状态（Sleeping），而不是进入永久失效状态。当需要唤醒它时，只需要向标签发送一个相同的 PIN 即可。与支持 PIN 保护的 Tag 一样，由于使其进入睡眠状态前所发送的 PIN 可能被攻击者或恶意用户窃听到，因此易被利用发动重放攻击，从而获得 RFID 标签的数据。具有 PIN 保护的 Sleeping 方法如下所示。

条件：Tag 支持 Kill 命令；每个 Tag 存储一个 PIN。

结果：Tag 验证 PIN 后执行 Sleeping 命令，并进入睡眠状态或激活状态。

协议：

① R→T：Sleeping Command||PIN。

② T：与本地 PIN 比较，更改当前状态（若当前状态为激活，则进入睡眠；若当前状态为睡眠，则进入激活）；否则忽略。

（6）物理触发开关方法

物理触发开关方法是：通过在 Tag 上设置物理式开关（Physical Trigger），以物理接触方式实现睡眠与唤醒。当需要保护隐私时，可以触发物理开关进入睡眠状态；而当需要利用标签信息进行其他操作（如维修）时，可以触发唤醒开关使标签恢复到正常状态。由于不需要 PIN 保护，因此这种方案简单易行。但是如果攻击者获得了该标签，则就失去了保护功能。此外，物理开关会增加标签设计难度和制造成本。

在低成本约束下，如何权衡安全、隐私和系统可用性，是任何一个 RFID 系统都必须考虑的问题，下面我们来看看 RFID 安全和隐私保护机制。由于低成本标签不支持高强度的安全性，人们提出物理安全机制，包括"灭活"（Kill）、法拉第网罩和阻止标签（Block Tag）等。

① "灭活"方法

参见本节"5. 典型的 RFID 隐私保护方法分析"。

② 有源屏蔽和主动干扰

法拉第网罩由金属网或者金属箔形成，根据电磁场理论，法拉第网罩可以屏蔽电磁波，如果把标签放在法拉第网罩内，则外部的阅读器查询信号无法到达标签，而被动标签不能获得查询信号，无法响应。对应主动标签，它的信号也无法穿过法拉第网罩，因此无法被攻击者接收到。这样把标签放进法拉第网罩内就可以组织标签被扫描，从而组织攻击者扫描标签来获取隐私信息。其缺点在于会增加成本，便利性不足且无法大规模实施。或者使用电子设备主动发射干扰信号，避免 RFID 标签被识别。这种方法会对其他通信系统造成干扰。

③ 利用密码学的知识引入安全机制

基于密码学的知识，采用密码算法和安全认证机制来实现 RFID 系统的信息安全是业界研究的热点，大量低成本的安全认证协议被提出，如 Hash-lock 协议、随机化 Hash-lock 协议、Hash-chain 协议、Hash-based IDvariation 协议、交互认证协议、David 的数字图书馆 RFID 协议、分布式 RFID 询问-响应认证协议、LCAP 协议、再次加密机制等。对于 RFID 系统而言，安全和成本是需要相互权衡的两个主要因素，因此，很难找到一个适合所有 RFID 应用的安全认证机制。

典型代表是阻止标签，这种标签可通过特殊的标签碰撞算法来阻止非授权的阅读器读取那些阻止标签预定保护的标签。在需要时，阻止标签可防止非法阅读器扫描和跟踪标签，而在需要时，则可以取消阻止，使标签可读。

下面介绍一种基于密码学的安全机制——哈希锁（Hash-lock）。哈希锁是一个抵制标签未经授权访问的隐私增强协议，2003 年由麻省理工学院和 Auto-ID Center 提出。整个协议只需要采用单向密码学哈希函数实现简单的访问控制，因此可以保证较低的标签成本。在哈希锁协议中，标签不使用真实 ID，而是使用一个 metaID。每个标签内部都有一个哈希函数和一个用来存储临时 metaID 的内存。使用哈希锁机制的标签有锁定和非锁定两种状态：在锁定状态下，标签用 metaID 响应所有查询；在非锁定状态下，标签向阅读器提供自己的信息。其具体原理如下。

a. 锁定过程

- 阅读器随机生成一个密钥 key，并计算 metaID＝hash(key)。其中 hash() 是一个单向哈希函数。
- 阅读器将 metaID 写入标签。

- 标签被锁定,进入锁定状态。
- 阅读器以 metaID 为索引,将(metaID,key)对存储到后台数据库。

b. 解锁过程

- 标签进入读写器范围,读写器查询标签,标签响应并返回 metaID。
- 读写器以 metaID 为索引在后台数据库中查找对应的(metaID,key)对,key 返回给阅读器。
- 阅读器把密钥 key 发送给标签。
- 标签计算 hash(key),如果 hash(key)与标签中存储的 metaID 相等,则标签解锁,并向读写器发送真实 ID。

哈希锁方案为标签提供了初步的访问控制,但 metaID 不会更新,攻击者可将这个 metaID 当作标签的别名来跟踪标签及其携带者,同时攻击者可记录(metaID,key,ID)组合,并在标签和读写器交互时冒充阅读器或标签,实施欺骗。

基于密码学的安全方案还有推广的随机哈希锁、哈希链和同步方法等。新兴隐私保护认证方法有基于 PUF 的方法以及基于掩码的方法等。这里不一一介绍,感兴趣的读者可参考相关资料。

# 7.2　物联网网络层安全

物联网网络层主要实现信息的转发和传送,它将感知层获取的信息传送到远端,为数据在远端进行智能处理和分析决策提供强有力的支持。考虑物联网本身具有专业性的特征,其基础网络可以是互联网,也可以是具体的某个行业网络。

**1. 物联网网络层安全的两个方面**

物联网的网络层按功能可以大致分为接入层和核心层,因此物联网的网络层安全主要体现在两个方面。

(1)来自物联网的接入方式和各种设备的安全问题

物联网的接入层将采用如移动互联网、有线网及各种无线接入技术。接入层的异构性使得如何为终端提供移动性管理以保证异构网络间节点漫游和服务无缝移动成为研究的重点,其中安全问题的解决将利益于切换技术和位置管理技术的进一步研究。物联网的接入层存在无线窃听、身份假冒和数据篡改等多种不安全的因素。

(2)来自传输网络的相关安全问题

物联网的网络核心层主要依赖传统网络技术,其面临的最大问题是现有的网络地址空间短缺,主要的解决方法寄希望于正在推进的 IPv6 技术。IPv6 采纳 IPSes 协议,在 IP 层上对数据包进行了高强度的安全处理,提供数据源地址验证、无连接数据完整性、数据机密性、抗重播和业务流加密等安全服务。

拒绝服务攻击:物联网终端数量巨大且防御能力薄弱,攻击者可将物联网终端变为傀儡,向网络发起拒绝服务攻击。

**2. 网络层容易遭受的攻击**

(1)虚假路由信息攻击

攻击者通过哄骗、修改或重放路由信息,产生路由环、吸引或抑制网络流量、延伸或缩短源路由,产生虚假错误消息,分割网络,增加端到端的传输时延等。

（2）选择转发攻击

恶意节点在转发信息包过程中丢弃部分或全部信息包,使信息包不能到达目的节点。

（3）槽洞（Sinkhole）攻击

攻击者通过布置具有充足的能量资源和性能高效可靠的恶意节点,吸引所有的数据流通过该节点,从而形成了以恶意节点为中心的黑洞。

（4）女巫（Sybil）攻击

单一节点具有多重身份,在网络中往往表现为多个节点,这样使其更容易成为路由路径中的节点,再结合其他攻击,从而达到对网络攻击的目的。

（5）虫洞（Wormholes）攻击

这种攻击需要两个节点相互串通好。通常,一个恶意节点位于基站附近,另一个恶意节点距离基站较远。离基站较远的节点告诉与它邻近的节点,它可以和基站附近的节点建立安全链路,从而吸引这些邻近节点将数据包转发到该节点。

（6）问候（Hello）泛洪攻击

许多路由协议要求节点广播 Hello 数据包来发现其邻居节点,假如攻击者使用大功率无线设备广播路由信息时,它能够使 WSN 中的部分或全部节点确信攻击者就是其邻居节点。这样,攻击者就可以与邻近节点建立安全链接,网络中的每个节点都试图使用这条路由与基站进行通信,但是由于一部分节点距离攻击者很远,加上传输能力有限,发送的数据包丢失,从而使网络陷入混乱状态。

（7）应答欺骗攻击

许多路由协议需要链路层应答,因此攻击者可通过欺骗链路层应答来窃听相邻节点的数据包。应答欺骗还可以使发送者相信实际效率较低的链路效率很高,或者认为已经停用或禁用的节点依然有效。

**3. WSN 安全路由研究**

由于上述多种攻击的存在、节点资源受限和 WSN 自身的特点,要确保网络层安全就必须设计出简单、耗能少、适应动态拓扑、遵循多对一通信方式和具有高度安全的路由协议。

安全路由研究内容包括具有较低计算负载和较低通信负载的路由方案、安全路由发现、路由维护、预防具有不正当行为的路由、抵制各种攻击和孤立恶意路由路径。当前,WSN安全路由的研究主要集中在安全路由协议的设计和在现有路由协议中增加安全机制。

（1）入侵容忍路由协议

有学者提出了一种入侵容忍路由协议(Intrusion-Tolerant Routing in Wireless Sensor Networks,INSENS)。INSENS 是一种基于动态源路由协议(Dynamic Source Routing Protocol,DSR)的协议,它在 DSR 上增加了安全机制,并不依赖检测出恶意节点,而是通过多路由路径绕过恶意节点。INSENS 最重要的特点是当恶意节点颠覆了其邻近节点时,它不能破坏整个网络。这种协议以增加基站的计算负载、通信负载、存储空间和带宽要求为代价,降低了节点的计算负载、通信负载、存储空间和带宽需求。这种协议网络扩展性不好。

（2）基于位置的信任路由协议

基于位置的信任路由协议(TRANS)建立在地理路由协议的基础上,由信任路由和丢弃不安全位置两部分组成。这种协议利用信任度的概念来选择安全路由路径和丢弃不安全路由路径。基站只将信息发给它可信任的节点,这些节点相应地转发数据包给其最靠近目标节点的可信任邻居,这样信息包一直沿着信任节点到达目的地。

(3) 关于直径的启发式安全路由协议

为了抵制应答欺骗攻击、虚假路由信息攻击,学者提出了关于直径的启发式安全路由协议(Secure Routing on the Diameter,SRD),主要思想是首先以源节点为中心,以跳数为半径作圆,寻找最小距离的中间节点,然后再以该中间节点为圆心作圆,重复利用此方法,直到找到目标节点。此协议以数字签名和密钥管理作为路由安全机制的方法,增加了安全机制。但是这种方法计算量大,并且所有节点都在直径范围内广播其路由信息,使得能量浪费。

## 7.3  物联网应用层安全

物联网应用是信息技术与行业专业技术紧密结合的产物。物联网应用层充分体现了物联网智能处理的特点,其涉及业务管理、中间件、数据挖掘等技术。考虑物联网涉及多领域、多行业,因此广域范围的少量数据信息处理和业务控制策略将在安全性方面面临巨大挑战,特别是业务控制、管理和认证机制、中间件以及隐私保护等安全问题显得尤为突出。

(1) 业务控制、管理和认证

由于物联网设备可能是先部署、后连接网络,而物联网节点又无人值守,所以如何对物联网设备远程签约,如何对业务信息进行配置就成了难题。

(2) 中间件

在物联网中,中间件主要包括服务器端中间件和嵌入式中间件。服务器端中间件是物联网业务基础中间件,一般都是基于传统的中间件,加入设备连接和图形化组态展示模块的构建;嵌入式中间件存在于感知层和传输层的嵌入式设备中,是一些支持不同通信协议的模块和运行环境,中间件的特点是其固化了很多通用功能,但在具体应用中多半需要二次开发来实现个性化的行业业务需求。

隐私保护就是私人信息依法受到保护的权利。

在物联网发展的过程中,大量的数据涉及个体隐私问题,因此隐私保护是必须考虑的一个问题。如何设置不同场景、不同等级的隐私保护,将是物联网安全技术研究的热点问题。当前隐私保护方法主要有两个发展方向:一是对等计算,通过直接交换共享计算机资源和服务;二是语义 Web,通过规范定义和组织信息内容,使之具有语义信息,能被计算机理解,从而实现与人的相互沟通。

## 7.4  物联网的信息安全与隐私

网络信息安全的一般性指标包括可靠性、可用性、保密性、完整性、不可抵赖性和可控性。

可靠性是指系统能够在规定条件下和规定时间内完成规定功能的特性,即系统在被破坏、部件失效、网络结构变化情况下仍能提供一定程度的服务,保持可靠性,主要表现在硬件、软件、人员和环境等方面。

可用性是指系统服务可被授权实体访问并按需求使用的特性,是系统面向用户的安全性,一般用系统正常服务时间和整体工作时间之比来衡量。

保密性是指信息只能被授权实体使用,并保证不被窃露的特性,如防侦听、防辐射、信息加密和物理保密等。

完整性是指未经授权不能改变信息的特性,即信息在存储或传输过程中不被偶然或蓄意地删除、篡改、伪造、乱序、重放等破坏和丢失的特性。

不可抵赖性是指信息交互过程的所有参与者不能否认或抵赖曾经完成的操作和承诺的特性。

可控性是指对信息传播及内容控制的特性。在物联网中表现为对标签内容的访问必须具有可控性。

隐私蕴含的内容非常广泛,而且对不同的人、不同的文化和民族,隐私的内涵各不相同。一般来讲,隐私权通常包括个人信息、身体、财产或自我决定等。历史上针对多功能学生证等信息追踪侵犯学生隐私举行过抗议,物联网有众多的感知识别设备,势必要面对公众隐私方面的顾虑。一方面,物联网的不当使用,或物联网数据的不当使用,会造成信息的泄露、篡改和滥用;另一方面,采用合适的安全和隐私保护技术,可以有效降低使用物联网的安全风险。

# 7.5 位置信息与个人隐私

随着感知定位技术的发展,人们可以快速知道自己的位置,服务提供商可根据这些位置信息提供一系列服务,如搭车、旅游、吃饭等。但是,便利的同时,我们需要来看看位置隐私的问题,即位置隐私是什么? 位置隐私面临哪些威胁? 要怎么保护位置隐私?

位置隐私,一句话,就是用户对自己位置信息的掌控能力。用户能自由决定是否发布自己的位置信息及其详细程度,反之,就是用户的位置隐私遭到侵害。那么,位置信息的泄露又有哪些危害呢?

这里的位置信息包括时间、空间和人物三要素,内涵十分丰富。位置信息一旦被不法分子利用,可能对当事人进行跟踪并造成人身财产威胁。另外,利用位置信息,有时可以分析出用户的职业、爱好、宗教信仰、生活习惯等很重要的个人隐私信息,因此,保护个人隐私刻不容缓。

位置隐私很重要,那么心怀不轨的攻击者可通过什么手段窃取位置信息呢?

① 窃听用户和服务提供商之间的通信线路。

② 服务提供商对用户信息保护不力,攻击者通过攻击服务提供商的数据库,就可能窃取到用户的位置信息。

③ 服务提供商与攻击者沆瀣一气,甚至攻击者伪装成服务提供商,这时用户告知服务提供商自己的位置信息,就完全暴露在攻击者面前了。

为了应对与日俱增的针对位置隐私的威胁,人们想出了种种手段来保护位置隐私,分为以下 4 类。

① 制度约束:通过法律和规章制度来规范物联网中对位置信息的使用。

② 隐私方针：允许用户根据自己的需要来制定相应的位置隐私的方针，以此来指导移动设备与服务提供商之间的交互。

③ 身份匿名：将位置信息中的真实身份信息替换为一个匿名的代号，以此来避免将位置信息与用户的真实身份挂钩。

④ 数据混淆：对位置信息的数据进行混淆，避免让攻击者得知用户的精确位置。

# 7.6　如何面对物联网的信息安全挑战

本章以 RFID 和定位技术为例，讨论了物联网的信息安全挑战，这些严峻的安全和隐私问题，我们要如何面对？

安全与隐私保护寻求的应当是可用性与安全性的平衡与统一，如果过分强调安全，牺牲可用性，那就舍本逐末了。例如，RFID 标签必须严格控制单个成本，我们就采用简单的算法，而不用成熟的复杂加密算法，这就是二者的平衡。

RFID 技术面临的安全挑战有望与其他技术手段结合来解决，包括生物识别技术、近场通信等。这些技术将 RFID 阅读器和标签的功能与其他一些技术结合起来，可以有效地提供更高的安全性。

另外，物联网的信息安全依赖于法律法规的完善，许多政府和团体纷纷出台法律和指导规范来保护信息安全和隐私。

物联网存在很多网络安全隐患以及泄露了很多个人隐私。物联网安全问题需要从技术、制定标准以及方案等方面进行解决，本文主要从可用性与安全性的权衡、多种技术融合以及法律法规进行分析来解决物联网安全和隐私问题。目前，物联网发展还处于初级阶段，物联网安全机制还没有形成，因此物联网的信息安全研究任重而道远。

如何解决 RFID 的数据安全问题呢？

① 物理隔绝这种方法的主要思想是：在不希望标签被读取的时候使用物理方法阻断电磁波传递路径。

② 停止标签服务在 RFID 标签的应用周期完成之后，部分或者完全地停止标签的信息服务。

③ 读取访问控制利用 hash 函数进行加密和验证的方案。

④ 双标签联合验证这种方法的主要思想是：两个相对的 RFID 标签被识读器同时读到时，使用读取设备作为中介进行互相验证。

# 课　后　习　题

**一、名词解释**

RFID 信息隐私　标签前向安全性　哈希锁　女巫攻击

**二、简答题**

1. 传感器节点面临的安全风险有哪些？

2. RFID 隐私包括哪些方面？

3. RFID 隐私保护的基本方法？

4. 解释一下基于距离测量的 RFID 标签隐藏技术。

5. WSN 安全路由协议有哪些典型方法？

6. 物联网中加密机制实施的主要困难是什么？

# 第8章 物联网应用

## 前　言

　　本章主要从宏观和具体应用领域、案例两个层次阐述了物联网应用。物联网应用领域广泛,新的案例层出不穷,本章更多选用典型领域和成熟案例。

## 教学目标

| 知识要点 | 能力要求 |
| --- | --- |
| 了解物联网应用领域 | 了解在智能交通、智能物流、公共安全、环境监测、智能家居等方面物联网的应用 |
| 了解典型案例 | 通过典型案例,为今后物联网应用设计奠定基础 |

## 推荐资料

[1]　刘云浩. 物联网导论. 北京:科学出版社,2013.
[2]　Werner-Allen G, Lorincz K, Johnson J, et al. Fieldity and yield in a volcano monitoring sensor network[C]// In proceedings of the 7th symposium on operating systems design and implementation,2006:381-396.

　　物联网的丰富内涵催生出丰富的外延应用,传统互联网经历了以数据为中心到以人为中心的转化,典型应用包括文件传输、电子邮件、万维网、电子商务、在线游戏和社交网络等;而物联网应用以"物"或者物理世界为中心,涵盖物品追踪、环境感知、智能家居、智能交通、智能物流等。简而言之,物联网应用正处于快速增长期,具有多样化、规模化、行业化等特点。本章主要讨论物联网的典型应用。

## 8.1　物联网的应用领域

　　各国政府对物联网的发展和应用十分重视,纷纷出台战略指导规划。美国总统奥巴马就任后,积极回应了 IBM 公司提出的"智慧地球"概念,并将物联网计划升级为国家战略;日本政府在 2004 年推出了基于物联网的国家信息化战略 U-JAPAN(泛在网络计划),其理念是以人为本,实现所有人与人、物与物、人与物之间的联接;韩国于 2006 年把 u. Korea 战略修订为 u-IT839 计划,更加强调泛在网络技术的应用,使"服务、基础设施、技术创新产品"三者融合更加紧密,并于 2009 年 10 月制定了《物联网基础设施构建基本规划》,将物联网市场确定为新增长动力;欧盟推出了《欧盟物联网行动计划》(Internet of Things—An action plan for Europe),在医疗专用序列码、智能电子材料系统等应用方面作出了尝试。我国也把物联网提升到国家战略层面,温家宝总理在《政府工作报告》中将"加快物联网的研发应用"纳入重点产业振兴。2009 年,我国第一个"物联网城市"在无锡启动。总体来说,物联网在国外已有较多的成熟应用,如图 8-1 所示,国内目前还处于应用起步阶段。

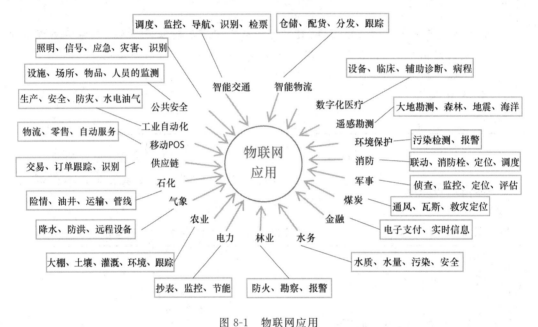

图 8-1　物联网应用

物联网应用涉及国民经济和人类社会生活的方方面面,我们选出主要应用领域。

**1. 城市管理**

智慧城市(如图 8-2 所示)是以科学发展观为指导,充分发挥城市智慧型产业优势,集成先进技术,推进信息网络综合化、宽带化、物联化、智能化,加快智慧型商务、文化教育、医药卫生、城市建设管理、城市交通、环境监控、公共服务、居家生活等领域建设,全面提高资源利用效率、城市管理水平和市民生活质量,努力改变传统落后的生产方式和生活方式。

智慧城市的构架可以分为 4 个部分:感知层、网络层、平台层、应用层。感知层负责收集各类信息。网络层主要实现更广泛的互连功能,能够把感知层感知到的信息无障碍、高可要靠性、高安全性地进行传送。平台层从网络层得到了信息就需要对信息进行智能数据处理,为智慧城市的数据支撑,为业务应用层提供真实的基础数据支持。业务应用层通过大脑的信息处理和智能分析,形成对智慧城市各领域应用的具体解决方案。

(1)智能交通

智能交通(公路、桥梁、公交、停车场等)物联网技术可以自动检测并报告公路、桥梁的"健康状况",还可以避免过载的车辆经过桥梁,也能够根据光线强度对路灯进行自动开关控制。

IBM 的智慧城市

图 8-2　智慧城市

在交通控制方面,可以通过检测设备,在道路拥堵或特殊情况时,系统自动调配红绿灯,并可以向车主预告拥堵路段、推荐行驶最佳路线。

在公交方面,物联网技术构建的智能公交系统通过综合运用网络通信、GIS 地理信息、GPS 定位及电子控制等手段,集智能运营调度、电子站牌发布、IC 卡收费、ERP(快速公交系统)管理等于一体。通过该系统可以详细掌握每辆公交车每天的运行状况。另外,在公交候车站台上通过定位系统可以准确显示下一趟公交车需要等候的时间;还可以通过公交查询系统,查询最佳的公交换乘方案。

停车难的问题在现代城市中已经引发社会各界的热烈关注。通过应用物联网技术可以帮助人们更好地找到车位。智能化的停车场通过采用超声波传感器、摄像感应、地感性传感器、太阳能供电等技术,第一时间感应到车辆停入,然后立即反馈到公共停车智能管理平台,显示当前的停车位数量。同时将周边地段的停车场信息整合在一起,缩短找车位的时间。

(2) 智能建筑(绿色照明、安全检测等)

通过感应技术,建筑物内照明灯能自动调节光亮度,实现节能环保,建筑物的运作状况也能通过物联网及时发送给管理者。同时,建筑物与 GPS 系统实时相连,在电子地图上准确、及时反映出建筑物空间地理位置、安全状况、人流量等信息。

(3) 文物保护和数字博物馆

数字博物馆采用物联网技术,通过对文物保存环境的温度、湿度、光照、降尘和有害气体等进行长期监测和控制,建立长期的藏品环境参数数据库,研究文物藏品与环境影响因素之间的关系,创造最佳的文物保存环境,实现对文物蜕变损坏的有效控制。

通过物联网采集古迹、古树的年龄、气候、损毁等状态信息,及时作出数据分析和保护措施。在古迹保护上实时监测能有选择地将有代表性的景点图像传递到互联网上,让景区对全世界做现场直播,达到扩大知名度和广泛吸引游客的目的。另外,还可以实时建立景区内部的电子导游系统。

(4)数字图书馆和数字档案馆

使用 RFID 设备的图书馆/档案馆,从文献的采访、分编、加工到流通、典藏和读者证卡,RFID 标签和阅读器已经完全取代了原有的条码、磁条等传统设备。将 RFID 技术与图书馆数字化系统相结合,实现架位标识、文献定位导航、智能分拣等。

应用物联网技术的自助图书馆,借书和还书都是自助的。借书时只要把身份证或借书卡插进读卡器里,再把要借的书在扫描器上放一下就可以了。还书过程更简单,只要把书投进还书口,传送设备就自动把书送到书库。同样通过扫描装置,工作人员也能迅速知道书的类别和位置以进行分拣。

**2. 数字家庭**

数字家庭(如图 8-3 所示)也叫智能家居,它以住宅为平台,兼备建筑、网络通信、信息家电、设备自动化的高效便利的居住环境。在连接家庭设备的同时,通过物联网与外部的服务连接起来,才能真正实现服务与设备互动。有了物联网,就可以在办公室指挥家庭电器的操作运行,在下班回家的途中,家里的饭菜已经煮熟,洗澡的热水已经烧好,个性化电视节目将会准点播放,家庭设施能够自动报修。在物联网的支持下,智能家居能优化生活方式,帮助人们有效安排时间,增强家居生活的安全性。

图 8-3 数字家庭

智能家居通过使用物联网通信技术将家中的各种设备(如音视频设备、照明系统、窗帘控制、空调控制、安防系统、数字家庭影院系统、影音服务器、网络家电等)以及各种传感器连接到一起,通过智能终端或可编程定时自动控制实现家电控制、照明控制、电话远程控制、室内外遥控、防盗报警、环境监测、暖通控制等多种功能。

### 3. 现代商品生产、零售、物流管理

食品安全是国计民生的重中之重。通过标签识别和物联网技术,可以随时随地对食品生产过程进行实时监控,对食品质量进行联动跟踪,对食品安全事故进行有效预防,极大地提高了食品安全的管理水平。

RFID取代零售业的传统条码系统,使物品识别的穿透性(主要指穿透金属和液体)、远距离以及商品的防盗和跟踪有了极大改进。

通过在物流商品中植入传感芯片(节点),供应链上的购买、生产制造、包装/装卸、堆栈、运输、配送/分销、出售、服务每一个环节都能无误地被感知和掌握。这些感知信息与后台的GIS/GPS数据库无缝结合,成为强大的物流信息网络,如图8-4所示。

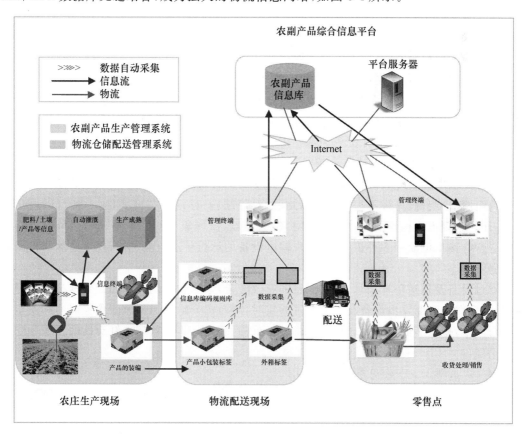

图 8-4 物联网应用

### 4. 智慧电网

智慧电网承载着物联网技术的发展与进步,物联网技术为电网发、输、变、配、用电等环节提供重要技术支撑,推动电力系统这一传统行业焕发出新的生机与活力。作为智慧电网的重要支撑技术,物联网技术可以为智慧电网带来多方面价值。物联网在电力系统的应用

将有效地整合电力系统和通信系统的基础设施,为国家电网发电、输送、变压、配电、用电等环节提供重要的技术支撑,可全方位提高智慧电网各个环节的信息感知深度和广度,提升电力系统分析、预警、自愈及防范灾害的能力,提升电网安全运行水平,提高和改善电力系统现有基础设施利用效率,实现智慧电网"电力流、信息流、业务流"的高度融合,以及电力从生产到消费各环节的精细化管理,达到节能降耗、经济高效的目的。

(1)物联网技术在电力物资管理等方面的应用

通过基于 RFID 等物联网技术的智能化标签管理,结合灵活多样的人员出入验证方式,采用高清视频实时监控、通信等技术,实现对电力物资的自动化管理。随着 RFID 等物联网标签的深化应用,电力物资从生产、运输、仓储端向运维检修端延伸,实现全过程管控,结合多功能智能巡检终端系统的应用,搭建配网智能巡检系统平台,构建电力物资全寿命周期管理的新模式。通过基于物联网技术的电力物资全生命周期管理,可以实现电力物资资源的优化配置,建立现场设备与系统平台的联系,实现设备出厂信息、运维信息、抢修信息等的实时查询,智能调用,提升电力物资精益化管理水平,为电力抢修、成本节约等提供有力支撑。

(2)物联网技术在变、配电场所中的应用

变、配电场所对安全保卫、温湿度控制以及环境实时监测等方面的要求很高,对其要求开展物联网的应用研究,其业务需求主要包括站所、环网柜室内环境温湿度在线监测,站所屋面漏水监测,电缆沟水浸状态、水位状态监测,站所烟感监测和室内空调除湿系统远程控制,架空设备温度监测,设备防盗,电线杆倾斜监测等,从而开发了图像监视、安全警卫、消防报警、给排水、SF6 泄露在线监测、智能巡视、防误入带点间隔、设备运行温度在线监测、主变红外热成像诊断等子系统,并集成为基于传感器网络的智能一体化管理平台。

(3)物联网技术在输电线路中的应用

为减少输电设备免收破坏,确保输电线路安全运行,通过在线路及杆塔安装能够智能感知与自组网(自组网:一种不需要建立基站的"对等结构"移动通信模式,是一种可以在任何地点、任何时刻迅速构建的移动自组织网络)的温度、微气象、震动、位移、倾角、风偏、弧垂、覆冰、盐密、接地电流等多种传感器,实现输电设备的运行状态监测、运行环境监测与设施防护预警管理。

通过设备及通道环境信息、状态信息的有效融合,基于物联网技术和大数据技术的分析应用,综合做出判断发出设备及环境危害的实时预警,提升输电通道风险预警能力和安全稳定运行水平,挖掘影响设备及通道安全稳定运行的关键原因,有效建立针对性的预警和防范整改措施。

(4)物联网技术在配电系统中的应用

在配网场景下开展全方位的物联网应用,通过智能感知与自组网技术,基于配网物联网监控平台和终端的开发应用,实现配网设备的辅助状态信息采集和分析应用,并结合配网自动化的建设,实现配网全方位的信息化、智能化、互动化管理,也就是智能配电网。具体地说,智能配电网是通过源-网-荷互动模式下的智能电网能量管理和运行控制,对局部的分布式电源进行主动控制和主动管理使之协调运行的配电系统(分布式电源是由光伏发电、风力发电等分布式发电、分布式储能、可控负荷等部分构成)。通过利用物联网、信息、通信技术对各种传感器信息进线主动采集、综合数据分析,智能配电网可以实现智能控制和主动管理。因而,智能配电网可以对已经规模化接入分布式能源的配电网实施主动管理,能够自主协调控制间歇式新能源及其他分布式能效率源,提高可再生能源的利用效率,实现电网和用户的双向互动,有效提高电网资源利用效率,延缓扩容需求,改善配电系统投资运营的经济性,适应新形势下配电网多元化发展的需要。同时,基于智能感知和自组网的配网物联网应用,为巡检、故障抢修、决策提供数据支撑,提前发现缺陷,降低故障发生率,缩短故障点定位时间,减少故障抢修时间,满足配网运维管理智能化的需求。

(5)物联网技术在智能小区的应用

物理网技术除了可以在变电、配电以及输电线路系统中进行应用以提高效率、保障安全外,在电网的民用终端即住宅小区中同样可以应用物联网技术,同样我们可以叫它智能小区。智能小区是智能电网用电侧的重要组成部分,通过用电信息采集装置的应用,基于电力数据网实时采集各种用电信息,实现用户用电行为等大数据的分析应用,在智能小区中通过智能用电入户终端、智能插座和智能网络摄像头等智能设备的应用,基于物联网技术,打造家居电器自动调节、节能控制的智能用电模式,实现家庭能源和信息的互动管理。智能小区的建设实施,为居民侧的用电需求响应打下良好基础,满足居民多元化的需求,提升智能用电互动水平,有利于减少电厂对于峰时用电的投资,为用户提供"省心电、省钱电、绿色电",提升居民用电体验,改善居民生活品质。

**5.军事**

物联网是信息技术发展的新方向,也是军队信息化建设的新切入点,将对军事指挥、军事作战、军事网络、军事装备、军事后勤等产生巨大影响,为部队战斗力的提高提供新的机遇。未来物联网在军事领域的应用将重点围绕战场态势感知、智能分析判断和行动过程控制等方面展开,以融入联合作战和保障体系,全面提升基于信息系统的作战能力和保障能力。

(1)及时的侦察预警与准确的态势感知

战场侦察与感知能力直接影响军队战斗力。物联网有望在更高层次上推动实现及时的战场侦察、准确的态势感知与科学的效能评估,建立战场自动侦察、感知、预警、数据传输、指挥决策、火力控制的综合信息链,极大缩短从侦察到判断决策、采取行动、反馈评估、再次行动的时间,实现对武器装备、诸军兵种的有效控制和联合协同。

(2)一体的军事网络与高效的军事指挥

物联网在军事领域的广泛应用将使传感网络的触角延伸至战场的各个角落,推动实现战场上彼此独立的侦察网、通信网、指挥控制系统、火力网的综合集成,更好地将情报、侦察、监视、预警、通信、指挥、信息对抗等各种武器装备及平台联接成为一体的网络系统。借助智能传感器和物联网技术,还可更好地实现与传统战场基础设施的融合,扩展军事网络和综合一体化的内涵。

物联网技术带来的一体化军事网络将极大拓展战场指挥官信息获取的广度、速度、深度,通过分布各处的传感器和网络,指挥官可随时获取所需的战场情报,准确感知战场态势,做出科学决策,并可通过互联的传感器和网络,将指挥官的指挥触角、指挥意图、指挥命令延伸或直接传递给一线的作战单元,使军事指挥更加灵活、高效。

(3)智能的武器装备与科学的装备管理

一是利用各种内嵌或外联的传感器和感知控制网络,实现对装备工作状况、性能水平的动态感知和实时分析,全过程、全寿命跟踪与监控装备使用、故障、维修、保养和报废等情况,

实现对装备的科学管理。

二是通过加装传感器,利用电子标签与鉴别、RFID 等技术,为装备构建统一的"身份证",随时感知和掌握装备位置、分布、聚集、运动、完好率等情况。

三是装备的战场生存将更加智能,依托传感器网络,随时感知己方坐标、战场态势、敌方威胁等信息,并及时做出响应,提高装备的战场生存性、安全性。

（4）灵敏的核生化威胁监测

依托纳米生物等先进传感器和芯片技术,研制高度灵敏的核生化武器监测预警系统,利用手持传感终端或在车辆、大型装备上嵌入的高灵敏度传感器,可在第一现场、第一时间自动侦察感知、实时动态监测可能存在的核生化威胁,以实现"三防"预警。"三防"处置机构可通过远程网络实时掌控并协同处置作业,以提高反应速度和处置效果。系统平时可配装于车站、地铁、码头、机场等人群密集的公共场所,随时应对出现的突发事件。

**6. 精细农业**

智能农业在农业环境监测、农业生产、农产品流通等领域有大量的应用空间。科技设备将代替人力控制生产。农业生产中环境变量的影响对农业生产效果起到至关重要的作用,如土壤酸碱性、土壤湿度、空气湿度、大棚内温度、二氧化碳浓度等。这些敏感性的变量要很精确地得以收集就必须采用灵敏度要求高的传感器。将无线传感器网络布设于农田、园林、温室等目标区域,网络节点大量实时地收集温度、湿度、光照、气体浓度等物理量,精准地获取土壤水分、压实程度、电导率、PH 酸碱度、氮素等土壤信息。

尤其近来兴起的无人机技术,促使传感器的应用更加精确、实时和宽广。目前由轻型无人机搭载农田所需使用传感器在需测量的农田范围内进行巡航,就能准确、实时地测定当时范围内的所有变量值,极大地解决了传感器不能范围测量的问题。由于移动传感器可以大范围收集信息,就减少了传感器的用量,极大地降低了大范围实时测量农田变量值的成本,提高了工作效率。在国内,深圳芭田农业有限公司和大疆无人机科技公司已率先开展农田无人机全覆盖航测。

物联网技术有助于实现农业生产的标准化、数字化、网络化。将从 3 个方面有效促进农业的发展:增产增收、节约能源、管理自动化和智能化,相当于露地栽培产量的 10 倍以上。

**7. 工业控制——以井下作业为例**

在"物联网"时代,将各类电气传感器如瓦斯、二氧化碳等传感器整合为统一的控制中枢,实现对煤矿复杂的生产环境和人员设备有效地实施实时数据采集和监测、协同指挥与调度、安全预警等功能。因此物联网技术的出现为建立煤矿行业安全生产与预警救援体系提出了新的思路和方法。

物联网技术可以实现以下功能。

（1）实现煤矿信息采集功能。

为了保障矿山生产的安全,在实现自动化的基础上,实现了智能化的综合自动化,实现3 个感知,即:感知周围矿工安全环境,实现主动安全;智能感知采矿设备的工作健康情况,实现预测性维护;智能感知灾害风险,实现多种灾害预警预报。

矿山在动态的开采过程中,矿山灾害的发生具有区域和时间的不确定性,矿山生产网络符合无线传感器网络的特点,如分布式、移动、特设网络信息收集模式。需要研究矿井的关键技术,建立动态感知煤矿灾害状况,感知健康状况的设备,感知安全人员和环境信息感知和处理平台。

（2）在初期采集传感器信息的基础上，实现人员身份识别、定位及行动跟踪等功能。

（3）矿下紧急报警系统。

**8. 数字医疗**

物联网技术有利于提高医疗卫生的服务保障能力、缓解资源短缺、突破资源共享的瓶颈。通过各种人体传感器和通信技术，可以把远程患者的数据传输到医疗机构；云计算为患者模式识别提供基础，大大减轻医生的工作量；以 RFID 为代表的自动识别技术可以帮助医院实现对病人不间断地监控、会诊和共享医疗记录，以及对医疗药品、器械的生产加工、运输存储、销售追踪等。而物联网将这种服务扩展至全世界。

据预测，到 2035 年前后，中国的物联网终端将达到数千亿个。随着物联网的应用普及，形成我国的物联网标准规范和核心技术，成为业界发展的重要举措。解决好信息安全技术是物联网发展面临的迫切问题。

# 8.2　环　境　监　测

自古以来人类通过对天体、气候、水文、生物等自然因素的观察，获得对自然规律的认识，制定历法，发展医学，预测天气等，但主观的基于经验的观察无法全面、客观地反映自然规律。20 世纪 50 年代以来，工业化进程导致地球生态环境持续恶化，人类对环境污染的关注程度迅速提高。从早期对污染物的被动检测，到包括噪声、光、热、气、电磁辐射、地质结构的全面环境质量评价，环境监测本身发展成为一门相对独立和完善的学科。

## 8.2.1　环境监测中无线传感网的优势

环境监测是指通过对人类和环境有影响的各种物质的含量、排放量以及各种环境状态参数的检测，跟踪环境质量的变化，确定环境质量水平，为环境管理、污染治理、防灾减灾等工作提供基础信息、方法指引和质量保证。环境检测的对象包括：反映环境质量变化的各种人为因素；对环境造成污染危害的各种成分；对生物、生态变化的检测。

借助遥感遥测等技术手段，新型感知和测量设备的推出以及计算机辅助控制数据收集、分析处理，大大提高了人类监测环境的广度、频度和深度。相当于传统人工巡检或单点监测的方式，无线传感网技术适于在大尺度复杂环境监测领域发挥作用，具有以下四点优势。

（1）大范围监测

无线传感网突破了人工巡检或单点监测的空间局限，成千上万的传感器节点协同工作，覆盖上百平方公里，可实现大范围环境监测。但是要实现全球范围或者国家尺度的二氧化碳监测，需利用遥感技术，无线传感网可实现介于全球范围和局部节点之间的区域尺度监测。

（2）长期无人监测

无线传感网可长期部署在人迹罕至的恶劣环境中，无须人工维护，不依赖任何基础设施，感知数据通过无线链路传递回监控中心。

（3）复杂时间监测

环境监测中，有一部分事件只有具有时间和空间关联性，才认为其发生了，该类事件无

法通过人工巡检或单点监测实现。如要确定污染物扩散速度,需要多个传感器节点发现污染物的时间进行协同计算。

(4)同步监测

人工巡检需到达监测地点才能获取环境数据,而又需携带感知数据回监测中心,这种异步监测方式相对于环境变化滞后,可能导致决策失误。无线传感网每个自主节点可实时记录并通过无线多跳网络即时传回感知数据。

### 8.2.2　部署案例

2004年,哈佛大学科研人员在厄瓜多尔的一座活火山周围部署了一个包含16个节点的无线传感网,如图8-5所示。该系统连续运行19天,捕捉229次地震、火山爆发和其他地震波事件,以100 Hz的频率持续采集地震波和声波强度等数据,以用于地质监测和科学研究。该系统在无线传感网研究层面的贡献在于对高频数据采集过程中传输可靠性、数据验证和校准等问题进行了探索。

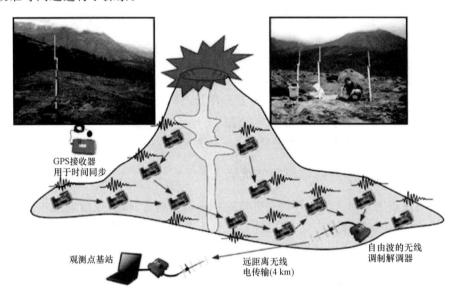

图 8-5　厄瓜多尔火山监控无线传感网部署环境和示意图

### 8.2.3　无线传感网环境监测的挑战及改进措施

无线传感网环境监测存在理想与现实的问题,即当前实际系统可以达到的规模和运行寿命与提出无线传感网时的理想相去甚远,甚至不涉及面路由和边界检测等在规模庞大的系统中才存在的问题。问题实际在于无线传感网的节点平行性带来的管理困难、传感器技术、带宽匹配、模型失效等,挑战总结为以下三方面。

第一,无线传感网传输和感知两大功能不匹配。主要表现为两种形式:一方面,图像、声音和视频等数据可以利用对应的图像和声音传感器直接获取,但这类数据量大,且经常要求实时传输,要通过带宽非常有限的无线多跳网络传送,难度很高;另一方面,不同应用需要各种各样的传感器数据。例如,在林业应用中,二氧化碳含量和光谱数据具有广泛用途,地震波强度数据在防灾减灾中的意义至关重要,这类数据量小,较易于传输,但现实的难题是,可以提供这些数据且适用于大规模部署的低成本传感器尚未成熟,即易感不易传,易传不易感。这个根本矛盾直接导致无线传感网无法满足真实应用领域的感知需求。要缓解这个矛盾,有若干关键问题亟待研究,如需要设计高性能低功耗传感器以突破网络传输带宽瓶颈,设计和优化路由协议以提升其可靠性和网络吞吐率等。

第二,网络管理困难。与传统企业网络和互联网的节点不同,无线传感器节点经常处在恶劣环境当中,风吹日晒,雪打雨淋。同时传感器节点的通信和计算资源极端有限,传统网络上类似 SNMP(Simple Network Management Protocol,简单网络管理协议)类型的 Agent 汇报机制无法有效支持。更为严峻的是,如果传统网络断了,很容易判断是物理问题还是软件或者系统故障;而在传感网网络中,很难区分中断原因,给修复带来了巨大困难。

第三,大多数现有研究工作都基于理想化的模型假设,如 UDG2(Unit Disk Graph)或准 UDG 模型,忽略了无线传感网运行过程中伴随的各种不确定物理因素和可能的环境动态性。例如,定位算法大多基于规则的信号强度到物理距离的映射模型;覆盖算法设计大都采用各向同性的确定性的感知模型;拓扑控制对传输半径及其可控性作了很多假设,但实际上连拓扑边的存在与否都要依赖于对链接评估方式的定义。由此产生的研究成果一旦应用于大规模系统,就会立刻显现出与实际情况之间巨大的落差。因此这些模型无法直接应用于指导和仿真实用系统,这就是"模型失用"。

在实际技术实现中,无线传感网系统数据传输基本采用同构互联的方式组成,具体地,所有传感器节点使用的通信模块大多同构,虽然在一些传感网系统中为了数据中转和中间处理的需要,采用少数相对强大的网关节点,配备了通信功率更强、通信距离更远的通信模块,但在整个网络中使用的仍是单一的通信协议,如为了低功耗采用 IEEE 802.15.4 协议,带宽有限,制约了环境监测应用的采样频率和可获得的信息量。

在环境监测中,感知数据呈现变化频繁、模态多样、质量低劣等特点。随着监测范围的扩大,监测时间的增加,采样频率的提高,整个无线传感网的感知数据变化愈加频繁,如收集温度、湿度、方向、风力、空气质量等,这些信息在无线传感网的表现形式不尽相同,如矢量、标量、矩阵、图像等,即感知数据呈现模态多样的特点。再考虑传感节点失效、数据丢失率、环境干扰、传感器精度有限等问题,感知数据质量无法满足环境监测的需要。凡此 3 种为无线传感网在感知数据层面的挑战。

下面针对上述无线传感网面临的挑战给出几点改进措施。

① 环境监测中物联网是动态大规模自组织网络,现有的层次化、紧密绑定的 IP 寻址方式无法满足其海量数据交互的现状,可设计基于环境指纹、基于事件和基于相似度的后 IP 寻址方法,一种非绑定式网络地址组织架构,从而提高无线传感网路由寻址效率。

② 针对感知数据"变化频繁、模态多样、质量低劣",建模:支持质、量融合管理的多模态感知数据模型。设计感知数据自动检测与修复算法,实现整合。

③ 网络管理中问题的诊断,目前的评估方法是基于领域知识的主动诊断,此类方法多依赖于网络内节点诊断信息的几种收集,当网络规模较大时,传输开销会很大。可研究传感网络自导向多粒度诊断评估策略,开发非基于领域知识的无线传感网诊断技术,实现通用的传感网络诊断工具。

# 8.3 智 能 家 居

## 8.3.1 智能家居的功能

（1）家居安全监控：各种报警探测器的信息采集，开关门报警等如门磁、紧急按钮、红外探测、煤气探测、火警探测等，并向住宅小区物业管理甚至是警察局报警。

（2）家电控制：利用计算机、移动电话通过移动电话网、高速宽带接入，并对电灯、空调、冰箱、电视等家用电器进行远程控制。

（3）家庭教育和娱乐：远程上课、家庭电影院、可视电话、交互式电子游戏。

（4）家居商务和办公：网购、远程办公、视频会议等。

## 8.3.2 "智能家居"的系统结构

智能家居系统包含的主要子系统有：家居布线系统、家庭网络系统、智能家居（中央）控制管理系统、家居照明控制系统、家庭安防系统、背景音乐系统（如 TVC 平板音响）、家庭影院与多媒体系统、家庭环境控制系统八大系统。其中，智能家居（中央）控制管理系统、家居照明控制系统、家庭安防系统是必备系统，家居布线系统、家庭网络系统、背景音乐系统、家庭影院与多媒体系统、家庭环境控制系统为可选系统。

### 1. 感知层

利用视频监控、RFID 技术、各种传感技术进行城市各种数据和事件的实时测量、采集、事件收集、数据抓取和识别。

感知层是智能家居实现其"智能"的基本条件。感知层具有超强的环境感知能力和智能性，通过 RFID、传感器、传感网等物联网技术实现对家中照明、安防、洗浴、炊具等设施的实时监测和控制，为个人和社会提供无处不在的、无所不能的信息服务和应用，智能家居感知层结构如图 8-6 所示。

图 8-6  智能家居感知层结构

感知对象子层:感知对象主要是指物理世界中的"物",如需要监测的设备和设施。

感知单元子层:感知单元是指具有数据采集功能的,用于采集物理世界中发生的物理事件和数据的设备和网络。采集的数据可以包括各类物理量、标识、音频、视频数据等。数据采集设备涉及传感器、RFID、多媒体信息采集、二维码和实时定位设备等。

传感网络子层:由传感设备组成的传感网,包括通过近距离无线通信方式组成的无线传感网以及其他的传感网。在智慧城市体系中要求每个感知设备都能够寻址,都可以通信,都可以被控制。

接入网关子层:接入网关主要负责将感知层接入到智慧家居的通信层中,完成包括协议转换、数据转换等工作,这取决于感知层和网络层采用的技术。

**2. 通信传输层**

通信层是"智慧家居"中的信息高速公路,是未来智慧家居的重要基础设施。未来城区的通信网络应该是由大容量、高带宽、高可靠的光网络和全城覆盖的无线宽带网络所组成的,为实现城市的智慧化奠定良好的基础。同时,让市民"随时、随地、随需"都可以宽带上网,而且可以享受网络电视、高清电视、高清视频通话等宽带业务。

实现高起点、高标准面向未来信息网络,促进电信网、互联网、广播电视网的融合,满足智慧家居发展要求。未来网络的发展不仅要求更高的宽带速度、更便捷的接入方式、更深程度的融合,还要支持人与机器(或物体)间以及机器到机器间的通信,最终形成智慧体化的网络基础设施。

**3. 应用支撑层**

应用支撑层的核心目的是让家居设备更加"智慧",在未来的智能家居中,数据是非常重要的战略性资源,因此构建智能家居的数据层是智能家居建设中非常重要的一环。对感知层采集的数据和事件信息进行加工处理后,按照工作流程建模编排、事件信息处理,自动选择应对措施,通知主人,进行工作流程处理、历史信息保留及查询、网络设备监控等。

**4. 智慧应用层**

应用层主要是指在感知层、通信层、数据层基础上建立的各种应用系统,包括智能安防(电子看门)、智能家居远程调控、远程监控等,可以直接通过各种终端包括智能手机设备等访问这些系统。

### 8.3.3 智能家居面临的问题

物联网智能家居给我们编制了一张如此美丽的蓝图,但现实和理想的蓝图总是有差距。

(1)传感终端设备技术不够成熟

传统的物联网接入技术,如 RFID、二维码、传感器技术等目前处于中等水平。从技术稳定性、价格性价比、产品实用性等多方面考虑,不适合大规模量产。

(2)物联网智能家居体系结构需建立

必须要建立统一的体系结构标准,才能让一个行业走上良性发展的轨道,各个生产厂家的产品才能相互兼容。但是在现阶段,中国尚未有统一的标准。

(3)产品成本高

智能家居现在处于起步阶段,因为产品成本比较高,产品还不能大规模批量化生产,很少真正用于生活。

# 附录 A    各章参考答案

一、单项选择题

1-5. BADBD    6-10. CDDAA    11-15. BCCCC    16-20. ACCAD

二、多项选择题

1. ABCD   2. ACD   3. ABCD   4. ACD   5. ABD   6. ABC   7. ABC

三、名词解释(略)

四、思考题

1. 简述物联网的定义,分析物联网的"物"的条件。

答:物联网是通过射频识别、红外感应器、全球定位系统、激光扫描器等信息传感设备,按约定的协议,把各种物体与互联网相连接,进行信息交换和通信,以实现对物体的智能化识别、定位、跟踪、监控和管理的一种网络。特别注意,物联网中的"物",不是普通意义的万事万物,这里的"物"要满足以下条件:①要有相应信息的接收器;②要有数据传输通路;③要有一定的存储功能;④要有处理运算单元(CPU);⑤要有操作系统;⑥要有专门的应用程序;⑦要有数据发送器;⑧遵循物联网的通信协议;⑨在世界网络中有可被识别的唯一编号。

2. 简述物联网应具备的 3 个特征。

答:一是全面感知,即利用射频识别技术、传感器、二维码等随时随地获取物体的信息;二是可靠传递,通过各种电信网络与互联网的融合,将物体的信息实时准确地传递出去;三是智能处理,利用云计算、模糊识别等各种智能计算技术,对海量的数据和信息进行分析和处理,对物体实施智能化的控制。

3. 简要概述物联网的框架结构。

答:(1) 感知层由数据采集子层、短距离通信技术和协同信息处理子层组成。数据采集子层通过各种类型的传感器获取物理世界智能光发生的物理时间和数据信息。短距离通信技术和协同信息处理子层将采集到的数据在局部范围内进行协同处理,以提高信息的精度,降低信息冗余度,并通过自组织能力的短距离传感网介入广域承载网络。它旨在解决感知层数据与多种应用平台间的兼容性问题。

(2) 网络层主要将来自感知层的各类信息通过基础承载网络传输到应用层。

(3) 应用层主要将物联网技术与行业专业系统相结合,实现广泛的物物互联的应用解决方案,主要包括业务中间件和行业应用领域。用于支撑跨行业、跨医用、跨系统之间的信息协同、共享、互通。

4. 物联网和传感网、泛在网有何关联?

(1) 物联网与传感网的关系

传感器网可以看成传感模块+组网模块共同构成的一个网络。传感器仅仅感知到信号,并不强调对物体的标识。例如,可以让温度传感器感知到森林的温度,但并不一定需要标识哪根树木。

物联网的概念相对传感器网大一些。这主要是人感知物、标识物的手段,除了有传感器网,还可以有二维码、一维码、RFID 等。例如,用二维码或 RFID 标识桌椅之后,就可以形成物联网,但二维码或 RFID 并不在传感器网络的范畴(除非将传感器网络广义化,而传感器网络广义化意义不大,如广义之后,手机也可以是传感器网,电话也可以是传感器网)。

（2）物联网与泛在网的关系

泛在网是指基于个人和社会的需求,利用现有的和新的网络技术,实现人与人、人与物、物与物之间按需进行的信息获取、传递、存储、认知、决策、使用等服务,泛在网网络具备超强的环境感知、内容感知及智能性,为个人和社会提供泛在的、无所不含的信息服务和应用。泛在网络的概念反映了信息社会发展的远景和蓝图,具有比"手机也可以是物联网"更广泛的内涵。业界还存在其他概念,如传感网(Sensor Network)。传感网是指由传感器节点通过自组织或其他方式组成的网络。传感网是传感器网络的简称,从字面上看,狭义的传感网强调通过传感器作为信息获取手段,不包含通过 RFID、二维码、摄像头等方式的信息感知能力。

物联网、泛在网概念的出发点和侧重点不完全一致,但其目标都是突破人与人通信的模式,建立物与物、物与人之间的通信。而对物理世界的各种感知技术,即传感器技术、RFID技术、二维码、摄像等,是构成物联网、泛在网的必要条件。

5. 分析物联网的关键技术和应用难点。

答:关键技术为 RFID、无线网络技术、传感技术、人工智能技术。应用难点在于其技术标准问题、数据安全问题、IP 地址问题、终端问题。

6. 举例说明物联网的应用领域及前景。

答:物联网应用领域很广,几乎可以包含各行各业,如智能家居、智能医疗、智能环保、智能交通、智能城市、智能司法、智能物流、智能校园、智能农业、智能电网。

## 第 2 章

一、名词解释

自动识别 RFID 射频识别技术 电子标签 IC 卡 EPC

答:自动识别是通过将信息编码进行定义、代码化,并装载于相关的载体中,借助特殊的设备,实现定义信息的自动采集,并输入信息处理系统从而得出结论的识别。

RFID(Radio Frequency Identification,射频识别技术)即射频识别,俗称电子标签,一种自动识别技术,可以快速读写、长期跟踪管理,通过无线射频方式进行非接触双向数据通信对目标加以识别。

射频识别技术又称无线射频识别,是一种通信技术,可通过无线电信号识别特定目标并读写相关数据,而无须识别系统与特定目标之间建立机械或光学接触。

电子标签由耦合元件、芯片及微型内置天线组成,每个电子标签(应答器,Tag)具有唯一的电子编码 EPC,附着在物体上标识目标对象,也称智能标签。

IC(Integrated Circuit Card)卡即集成电路卡,也叫智能卡、微电路卡等,是继磁卡之后出现的又一种信息载体。

EPC(Electronic Product Code,产品电子代码)即产品电子代码,为每一件单品建立全球的、开放的标识标准,实现全球范围内对单件产品的跟踪与追溯。

二、单项选择题

1-5. ABBBB　6-10. CBDAD　11-15. AABCD　16-20. DABAB　21-25. CDCAB

26-28. CDC

三、多项选择题

1. BD　2. ABCD　3. CD　4. ABCD　5. AB　6. ABD

四、判断题

1-5. TFFTF　6-10. FFFFF　11-15. FFTFT

五、问答题

1. 什么是二维码?它的特点是什么?

答:二维码是用某种特定的几何图形按一定规律在平面(二维方向上)分布的黑白相间的图形,记录数据符号信息的编码。

特点:高密度编码,信息容量大,编码范围广,容错能力强,译码可靠性高,可引入加密措施,成本低,易制作,持久耐用。

2. 简述 RFID 的组成及工作原理。

答:射频识别又称电子标签、无线射频识别。RFID 主要由三部分组成:标签、阅读器、天线。

标签进入磁场后,接收解读器发出的射频信号,凭借感应电流所获得的能量发送出存储在芯片中的产品信息,或者由标签主动发送某一频率的信号,解读器读取信息并解码后,送至中央信息系统进行有关数据处理,实现对被识别物体的自动识别。

3. RFID 的工作频段有哪些?各自有什么特点?

答:(1) 低频(从 125～135 kHz):一般低频能够穿过任意材料的物品而不降低它的读取距离,工作在低频的读写器在全球没有任何特殊的许可限制。

(2) 高频(工作频率为 13.56 MHz):具有防冲撞特性,可以同时读取多个电子标签。

(3) 超高频(工作频率为 860～960 MHz):有好的读取距离,有很高的数据传输速率。

(4) 有源 RFID 技术(2.45 GHz、5.8 GHz):有源 RFID 具备低发射功率、通信距离长、传输数据量大、可靠性高和兼容性好等特点。

4. RFID 标签分为几类,各有什么特点?

答:被动式:被动式标签具有价格低廉、体积小巧、无须电源的优点。

半被动式:比起被动式,半主动式有更快的反应速度,更好的效率。

主动式:与被动式和半被动式不同的是,主动式标签本身具有内部电源供应器,用以供应内部 IC 所需电源以产生对外的信号。一般来说,主动式标签拥有较长的读取距离和较大的记忆体容量,可以用来储存读取器所传送来的一些附加信息。

5. RFID 产品的基本衡量参数有哪些?

答:RFID 产品的基本衡量参数有工作频率、读取距离、读写速度、方向性、采用通信接口协议。

6. 简述天线的工作原理。

答:天线是一种以电磁波形式把前端射频信号功率接收或辐射出去的装置,是电路与空间的界面器件,用来实现导行波与自由空间波能量的转化,在电磁能量的转换过程中,完成信息的交互。

7. 如何解决 RFID 的数据安全问题?

答:(1)物理隔绝这种方法的主要思想是:在不希望标签被读取的时候使用物理方法阻断电磁波传递路径。

(2)停止标签服务在 RFID 标签的应用周期完成之后,部分或者完全地停止标签的信息服务。

(3)读取访问控制利用 hash 函数进行加密和验证的方案。

(4)双标签联合验证这种方法的主要思想是:两个相对的 RFID 标签被识读器同时读到时,使用读取设备作为中介进行互相验证。

8. 请简要地叙述 EPC 系统的组成,以及各个部分的英文简写。

答:EPC 载体、读写器、EPC 产品管理中间件、网络、ONS、PML 服务器、数据库等。其中 ONS( Object Naming Servicer,对象名称解服务器)用来把 EPC 转化成 IP 地址,用来定位相应的计算机和完成相应的信息交互服务。

PML( Physical Markup Language,实体标识语言)服务器中,存储用 PML 描述的实物信息,如实物名称、种类、性质、生产日期、生产厂家信息、实物存放位置、实物的使用说明等。

## 第3章

一、名词解释

传感器 电阻式传感器 MEMS 传感器

答:传感器(Transducer/Sensor)是一种检测装置,能感受到被测量的信息,并能将感受到的信息按一定规律变换成为电信号或其他所需形式的信息输出,以满足信息的传输、处理、存储、显示、记录和控制等要求。

电阻式传感器是将被测非电量(位移、力、温湿度、形变、压力、加速度、扭矩等非电物理量)转换成电阻值变化的器件或装置。

MEMS(Micro Electro Mechanical Systems,微机电系统)专指外形轮廓尺寸在毫米级以下,构成的机械零件或半导体器件尺寸在微米至纳米级的,集微型机械、传感器、执行器、信号处理控制、通信接口、电源为一体的新型传感器。

二、单项选择题

1-5. DADCB

三、问答题

1. 传感器的定义是什么?它们是如何分类的?

答:传感器是一种能把特定的被测信号,按一定规律转换成某种可用信号输出的器件或装置,以满足信息的传输、处理、记录、显示和控制等要求。根据不同的分类方式,有不同的分类。

2. 传感器的主要特性有哪些?

答:主要分为静态特性和动态特性。衡量静态特性的重要指标是线性度、灵敏度、迟滞和重复性等。传感器的动态特性是指其输出对随时间变化的输入量的响应特性。

3. 传感器由哪几部分组成?它们的作用与相互关系怎样?

答：传感器由两个基本元件组成：敏感元件与转换元件，具体如图 A-1 所示。

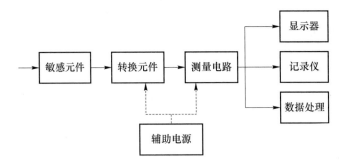

图 A-1  传感器的组成部分

4．什么是智能传感器？智能传感器有哪些实现方式？

答：智能传感器是具有信息处理功能的传感器。

智能传感器主要由传感器、微处理器（或微计算机）及相关电路组成，包括传感器、信号调理电路、微处理器、输出接口等。

5．温度传感器是怎么分类的？

答：水分子具有较大的电偶极矩。在氢原子附近有极大的正电场，因而它具有很大的电子亲和力，使得水分子易于吸附在固体表面并渗透到固体内部。利用水分子这一特性制成的湿度传感器称为水分子亲和力型传感器。而把与水分子亲和力无关的湿度传感器称为非水分子亲和力型传感器。

6．MEMS 的定义是什么？优点和特点是什么？

答：完整的 MEMS（Micro-Electro-Mechanical Systems）是由微传感器、微执行器、信号处理和控制电路、通信接口和电源等部件组成的一体化的微型器件系统。

MEMS 器件和系统具有体积小、重量轻、功耗低、成本低、可靠性高、性能优异、功能强大、可以批量生产等传统机械无法比拟的优点。

7．简述传感器的选用原则。

（1）根据测量对象与测量环境确定传感器的类型。

（2）灵敏度的选择通常在传感器的线性范围内，希望传感器的灵敏度越高越好。因为只有灵敏度高时，与被测量变化对应的输出信号的值才比较大，有利于信号处理。

（3）频率响应特性传感器的频率响应特性决定了被测量的频率范围，必须在允许频率范围内保持不失真的测量条件，实际上传感器的响应总有一定延迟，希望延迟时间越短越好。

（4）线性范围传感器的线性范围是指输出与输入成正比的范围。理论上讲，在此范围内，灵敏度保持定值。传感器的线性范围越宽，则其量程越大，并且能保证一定的测量精度。在选择传感器时，当传感器的种类确定以后首先要看其量程是否满足要求。

（5）稳定性传感器使用一段时间后，其性能保持不变化的能力称为稳定性。影响传感器长期稳定性的因素除传感器本身结构外，主要是传感器的使用环境。因此，要使传感器具有良好的稳定性，传感器必须要有较强的环境适应能力。

（6）精度是传感器的一个重要的性能指标，它是关系整个测量系统测量精度的一个重要环节。

第4章

一、单项选择题

1-5．ABDBC　6-8．DAA

二、问答题

1．传感器节点在实现各种网络协议和应用系统时,存在哪些现实约束?

答:传感器节点在实现各种网络协议和应用系统时,存在以下一些现实约束。

(1)电源能量有限:传感器节点体积微小,通常携带能量十分有限的电池。更换电池来补充能源是不现实的。如何让网络通信更有效率,减少不必要的转发和接收,不需要通信时尽快进入睡眠状态,是传感器网络协议设计需要重点考虑的问题。

(2)通信能力有限:随着通信距离的增加,能耗将急剧增加。因此,在满足通信连通度的前提下应尽量减少单跳通信距离。

(3)计算和存储能力有限:传感器节点是一种微型嵌入式设备,要求它价格低、功耗小,这些限制必然导致其携带的处理器能力比较弱,存储器容量比较小。

2．举例说明无线传感器网络的应用领域。

答:传感器网络的应用前景非常广阔,能够广泛应用于军事、环境监测和预报、健康护理、智能家居、建筑物状态监控、复杂机械监控、城市交通、空间探索、大型车间和仓库管理,以及机场、大型工业园区的安全监测等领域。随着传感器网络的深入研究和广泛应用,传感器网络将逐渐深入到人类生活的各个领域。

3．无线传感器网络具有什么显著特点?

答:无线传感器网络具有以下的特点:①大规模网络;②自组织网络;③多跳路由;④动态性网络;⑤可靠的网络;⑥以数据为中心的网络;⑦应用相关的网络。

4．与传统网络的路由协议相比,无线传感器网络的路由协议具有哪些特点?

答:与传统网络的路由协议相比,无线传感器网络的路由协议具有以下特点。

(1)能量优先。传统路由协议在选择最优路径时,很少考虑节点的能量消耗问题。而无线传感器网络中节点的能量有限,延长整个网络的生存期成为传感器网络路由协议设计的重要目标,因此需要考虑节点的能量消耗以及网络能量均衡使用的问题。

(2)基于局部拓扑信息。无线传感器网络为了节省通信能量,通常采用多跳的通信模式,而节点有限的存储资源和计算资源,使得节点不能存储大量的路由信息,不能进行太复杂的路由计算。在节点只能获取局部拓扑信息和资源有限的情况下,如何实现简单高效的路由机制是无线传感器网络的一个基本问题。

(3)以数据为中心。传统的路由协议通常以地址作为节点的标识和路由的依据,而无线传感器网络中大量节点随机部署,所关注的是监测区域的感知数据,而不是具体哪个节点获取的信息,不取决于全网唯一的标识。传感器网络通常包含多个传感器节点到少数汇聚节点的数据流,按照对感知数据的需求、数据通信模式和流向等,以数据为中心形成消息的转发路径。

(4)应用相关。传感器网络的应用环境千差万别,数据通信模式不同,没有一个路由机制适合所有的应用,这是传感器网络应用相关性的一个体现。设计者需要针对每一个具体应用的需求,设计与之适应的特定路由机制。

5. 简述 ZigBee 协议与 IEEE 802.15.4 标准的联系与区别。

答：IEEE 802.15.4 仅定义了物理层和 MAC 层的规范。基于 IEEE 802.15.4 标准的 ZigBee 技术是一种新兴的近距离、低复杂度、低功耗、低数据速率、低成本的无线通信技术。ZigBee 协议栈建立在 IEEE 802.15.4 的 PHY 层和 MAC 子层规范之上。它实现了网络层和应用层。IEEE 802.15.4 标准由 IEEE 负责制定,而 ZigBee 协议由 ZigBee 联盟制定。

6. 无线传感器网络的定义和作用是什么?

答：无线传感器网络是由密集部署于监控区域内的微型传感器节点组成的一种无中心节点的全分布系统。这些低成本,低功耗,具有感知、数据处理和通信能力的节点通过无线信道相连,自组织构成了网络系统。传感器节点借助其内置的形式多样的传感器,探测包括温度、湿度、噪声、光强度等众多人们感兴趣的物理现象。

7. 典型的无线传感器网络节点分为哪几种节点?

答：一般包括传感器节点、汇聚节点和任务管理节点。

8. IEEE 802.15.4 技术中物理层和 MAC 层的作用是什么?

答：根据标准的定义,物理层实现了如下功能:信道进行能量检测(Energy Detected)、对收到的包进行链路质量指示(Link Quality Indication,LQI)、接收发送数据、空闲信道评估(Clear Channel Assessment, CCA)等。MAC 层完成如下 6 个方面的功能:协调器产生并发送信标帧,普通设备根据协调器的信标帧与协调器同步;支持 PAN 网络的关联(Association)和取消关联(Disassociation)操作;支持无线信道通信安全;使用 CSMA-CA 机制共享物理信道;支持时隙保障(Guaranteed Time Slot,GTS)与机制;为两个对等的 MAC 实体提供可靠的数据链路。

9. ZigBee 技术中网络层和应用层的作用是什么?

答：ZigBee 的网络层基于 IEEE 802.15.4 标准负责 ZigBee 网络的维持及管理,路由路径搜索及设定以及提供上层与下层间的通信接口等作用。ZigBee 标准化文件中,新定义了可以在网络层和应用层间起接口作用的 APS 层(Application Support Sub-layer)。对于 ZigBee 设备提供的服务,APS 管理记述信息的 Binding Table,肩负最终应用层间数据接收发送的作用。

10. 什么是 ZigBee? 它的特点主要有哪些?

答：ZigBee 是一种短距离无线通信技术。

特点:近距离,低复杂度,自组织,低功耗,低数据速率,低成本,双向传输,交互式通信,以接力的方式通过无线电波。

## 第 5 章

一、单项选择题

1-5. ABCBC　6-9. ACDB

二、问答题

1. 什么是 WiFi? 简述其优点。

答：WiFi 称为 IEEE 802.11b 标准,是一种可以将个人计算机、手持设备(如 iPad、手机)等终端以无线方式互相连接的技术。优点:①无线电波的覆盖范围广;②传输的速度非常快;③进入该领域的门槛比较低。

2. 什么是 WiMax,它的通信原理是什么?

答:微波存取全球互通(Worldwide Interoperability for Microwave Access,WiMax)又称为 802.16 无线城域网,是又一种为企业和家庭用户提供"最后一英里"的宽带无线连接方案。

WiMax 是一种城域网(MAN)技术。服务供应商部署一个网络的塔,就能启用超过许多英里的访问。覆盖区域内的任何地方可立即启用互联网连接。

3. 简述 3G 技术。

答:第三代移动通信技术(3rd-Generation,3G)是指支持高速数据传输的蜂窝移动通信技术。3G 标准:它们分别是 WCDMA(欧洲版)、cdma2000(美国版)和 TD-SCDMA(中国版)。有频率规划简单、系统容量大、频率复用系数高、抗多径能力强、通信质量好、软容量、软切换等特点。

4. 什么是无线局域网?

答:无线局域网(Wireless Local Area Network)在一个局部的区域(如教学楼、机场候机大厅、餐厅等)内为用户提供可访问互联网等上层网络的无线连接。无线局域网是已有有线局域网的拓展和延伸,使得用户在一个区域内随时随地访问互联网。无线局域网有两种工作模式,第一种基于基站模式,无线设备(手机、上网本、笔记本式计算机)通过介入点访问上层网络;第二种是基于自组织模式,例如,在一个会议室内,所有与会者的移动设备可以不借助接入点组成一个网络用于相互之间的文件、视频数据的交换。IEEE 802.11 的一系列协议是针对无线局域网制定的规范,大多数 802.11 协议的接入点的覆盖范围在十几米内。

5. 简述移动通信系统的发展历程以及各阶段的特点。

答:第一代属于模拟系统,如 AMPS 和 TACS 系统,主要采用频分多址(FDMA)技术,成本高,低速,保密性差。第二代属于数字系统,主要采用时分多址技术(TDMA),包括 GS-DX 和 CDMA。第三代结合了多媒体通信,有 TD-SCDMA、W-CDMA、cdma2000 3 个标准。第四代集 3G 和 WLAN 一体,高质量,高速,高分辨率。第五代还在研制,将划分为移动互联网和物联网两大类。

## 第 6 章

一、名词解释

数据融合  数据级融合  贝叶斯方法  证据理论

答:数据融合的定义和简介表述为:数据融合是针对单个和多个信息源获得时序感知数据,按一定规则进行分析、综合,以完成决策和评估的数据处理过程。

数据级融合是最低层次的融合,直接对传感器的观测未经处理数据进行融合处理,然后基于融合后的结果进行特征提取和判断决策。

贝叶斯方法是最早应用于不确定信息融合的一种推理方法,其基本思想是在设定先验概率的条件下,利用贝叶斯规则计算出后验概率,从而根据后验概率做出决策,这样就可以处理不确定性问题,是融合静态环境中多传感器低层数据的一种常用方法。

证据理论是一套基于"证据"和"组合"来处理不确定性推理问题的数学方法。

二、单项选择题

1-3. CAC

## 三、问答题

1. 数据融合具有哪些显著特点?

答:数据融合具有如下 4 个显著特点。

(1) 信息的冗余性:同一个信号可能被不同传感器捕获,去除不必要的重复信息;

(2) 信息的互补性:一种传感器捕获一种特征,多种特征的结合将获得更全面的信息;

(3) 信息处理的及时性:多传感器的并行采集与处理;

(4) 信息处理的低成本性:为获得准确信息,可用多种廉价的传感器协作来代替单个功能强大但高价的传感器。

2. 根据多传感器数据融合模型定义方法和无线传感器网络自身特点,数据融合可划分为哪些不同的形式?

答:根据多传感器数据融合模型定义方法和无线传感器网络自身特点,数据融合可根据节点处理层次、融合前后的数据信息量、信息抽象层次的不同而划分为不同的形式。

根据节点处理的层次,可分为集中式融合和分布式融合。

根据融合前后数据信息量的变化,可分为无损融合和有损融合。

根据信息抽象层次,可分为数据级融合、特征级融合、决策级融合。

3. 传感器信息融合的一般方法有哪些?

答:嵌入约束法、证据组合法、人工神经网络法。

4. 物联网中,数据融合遇到的挑战是什么?

答:感知节点能源有限、多数据流的同步、数据的时间敏感性、网络带宽限制、无线通信可靠性和网络的动态性等。

## 第 7 章

### 一、名词解释

RFID 信息隐私　标签前向安全性　哈希锁　女巫攻击

答:信息隐私(Data Privacy)是指攻击者通过 RFID 阅读器获得 RFID 标签中的信息,并以此为基础获得个人或组织的其他关联信息。

RFID 标签的前向安全是指隐私侵犯者即便获得了标签存储的加密信息,也不能回溯当前信息而获得标签历史事件数据。

哈希锁是一个抵制标签未经授权访问的隐私增强协议,在哈希锁协议中,标签不使用真实 ID,而是使用一个 metaID。每个标签内部都有一个哈希函数和一个用来存储临时 metaID 的内存。使用哈希锁机制的标签有锁定和非锁定两种状态;在锁定状态下,标签用 metaID 响应所有查询;在非锁定状态下,标签向阅读器提供自己的信息。

单一节点具有多重身份,在网络中往往表现为多个节点,这样使其更容易成为路由路径中的节点,再结合其他攻击,从而达到对网络攻击的目的。

### 二、问答题

1. 传感器节点面临的安全风险有哪些?

答:有节点物理俘获、信息泄露、耗尽攻击、拥塞攻击、非公平攻击、拒绝服务攻击、转发攻击、节点复制攻击等。

2. RFID 隐私包括哪些方面?

答:有信息隐私和位置隐私两大类,前者包括直接和间接信息隐私。后者包括物理位置隐私和运动轨迹隐私。

3. RFID隐私保护的基本方法?

答:有改变RFID标签和目标关联性方法、改变RFID标签输出信息唯一性方法、隐藏RFID标签标识符和数据的方法。

4. 解释一下基于距离测量的RFID标签隐藏技术。

答:基于距离测量的RFID标签隐藏技术是RFID标签测量自己与读写器之间的距离,依据距离的不同而返回不同的标签数据。

5. WSN安全路由协议有哪些典型方法?

答:有入侵客忍路由协议、基于位置的信任路由协议、关于直径的启发式安全路由协议。

6. 物联网中加密机制实施的主要困难是什么?

答:需要存储开销、高速的CPU,还要消耗节点的能量,造成节点成本上涨,易损。

# 附录 B 世界物联网发展大事记

| 时　间 | 事　记 |
|---|---|
| 1995 年 | 比尔·盖茨在《未来之路》一书中提及物联网概念。只是当时受限于无线网络、硬件及感感设备的发展,并未引起重视 |
| 1998 年 | 美国麻省理工学院(MIT)创造性地提出了 EPC 系统的物联网构想 |
| 1999 年 | 在物品编码、RFID 技术和互联网的基础上,美国 MIT AUTO-ID 中心首先提出物联网的概念 |
| | 在美国召开的移动计算和网络国际会议提出,物联网是 21 世纪人类面临的又一个发展机遇 |
| | 中国科学院启动了传感网的研究,组建了 2 000 多人的团队,已经投入数亿元,目前已拥有从材料、技术、器件、系统到网络的完整产业链 |
| 2003 年 | 国际物品编码协会(EAN)和美国统一代码委员会(UCC)联合收购了 EPC 技术,成立了新的 EPC global 组织,用于推动 EPC 技术的商业应用 |
| 2004 年 6 月 22 日 | EPC global 完成了第一个电子产品代码技术的全球标准 |
| 2005 年 1 月 | 国际电信联盟(ITU)在 2005 年的年度报告《ITU 互联网报告 2005:物联网》中,对物联网概念的含义进行了扩展,在这份报告所提到的物联网中,RFID 技术、传感器技术、纳米技术、嵌入式芯片技术都被广泛应用 |
| 2005 年 4 月 8 日 | 在日内瓦举办的信息社会世界峰会(WSIS)上,国际电信联盟专门成立了泛在网络社会(Ubiquitous Network Society)国际专家工作组,提供了一个在国际上讨论物联网的常设咨询机构 |
| 2005 年 4 月 | 中国国家科技部启动了"863 计划"课题:物流应用中的 RFID 技术分析测试情况。国家科技部启动多个与 RFID 相关的项目,其后总的扶持经费达到数亿元 |
| 2007 年 4 月 | 中国国家信息产业部发出了《关于发布 800/900 MHz 射频识别技术应用试行规定的通知》,明确了具体的使用频率 |
| 2008 年 12 月 | IBM 向美国政府提出了智慧地球战略。奥巴马总统使之上升为国家战略,这对我国有启示作用 |
| 2009 年 1 月 | 各发达经济体对物联网高度重视。欧洲物联网项目总体协助组 2009 年发布了《物联网战略研究路线图》报告,2010 年发布了《物联网实现的展望和挑战》报告。在这两份报告中,将物联网的支撑技术分为如下几种:识别技术、物联网体系结构技术、通信技术、网络技术、网络发现、软件和算法、硬件、数据和信号处理技术、发现和搜索引擎技术、网络管理技术、功率和能量存储技术、安全和隐私技术、标准化 |
| 2009 年 6 月 | 欧盟发表了"物联网行动计划"。欧洲自从 2006 年开始使用 EPC 标准之后,2008 年流通的 2 600 亿件零售商品中,有 130 亿件使用了电子标签 |
| 2009 年 8 月 | 日本政府发布 I-JAPAN 计划,强调利用各种信息技术来加强互联网的功能,以实现无处不在的物联网络 |
| 2009 年 8 月 | 温家宝总理在无锡考察物联网的工作进展,发表了重要讲话,各地掀起了重新认识无线传感技术和物联网的巨大浪潮。2009 年被称为"中国物联网元年" |

续　表

| 时　间 | 事　　记 |
|---|---|
| 2009 年 10 月 | 韩国在 2006 年确立的"u-Korea"(Ubiquitous Network Society of Korea,泛在网韩国)战略的基础上更新了其最新的信息产业发展战略,发布了"物联网基础设施构建基本规划",将物联网产业确定为韩国经济发展新的增长动力 |
| 2010 年 1 月 23 日 | 海尔发布世界首款"物联网冰箱",不仅可以储存食物,而且可以通过网络连接,"辨认"出冰箱中食品的相关信息,帮助消费者对冰箱的食物进行有针对性的处理 |
| 2010 年 1 月 25 日 | 工信部批准无锡高新区为中国传感网示范基地 |
| 2010 年 4 月 2 日 | 在伦敦召开的第一次国际传感网络标准工作组会议上,批准了中国提出的一个正式标准议案 |
| 2010 年 4 月间 | 南京"物联网小区"湖南物联网应用区,江苏、山东、成都、重庆等物联网基地相继建成 |
| 2010 年 4 月 | 南京邮电大学物联网学院招收本科生 |
| 2011 年 5 月 27 日 | 谷歌在美国推出 NFC 手机支付服务 |
| 2011 年 7 月 30 日 | 中国首都物联网蓝皮书——《中国物联网发展报告(2011)》正式发布。报告从宏观经济产业政策、技术、产业链建设等不同层面分析了物联网产业在中国的发展 |
| 2011 年 12 月 7 日 | 中国《物联网"十二五"发展规划》出台,规划指出到 2015 年产业体系的目标 |
| 2012 年 1 月 | 台北拟投入 386 亿台币,建设第一个光纤智慧城市 |
| 2012 年 3 月 5 日 | 温家宝在工作报告指出:三网融合、云计算、物联网试点工作加快步伐 |
| 2012 年 3 月 | 水利部物联网技术应用示范基地,《智慧北京行动纲要》、中国智能家居产业联盟相继成立和发布 |
| 2012 年 3 月 28 日 | 国际电信联盟 ITU-T 审议通过我国制定的《物联网概述》标准 |
| 2013 年 3 月 | 谷歌强生联手研发手术机器人 |
| 2013 年 7 月 24 日 | 工信部和中国移动联合发布《车联网产业发展白皮书》 |
| 2013 年 10 月 | 发改委通知各地开展物联网重大应用示范工程区域试点,要与 5 月建设的"国家物联网标识管理公共服务平台"兼容 |
| 2014 年 1 月 | 德国博世推出全球首款把压力、湿度、温度测量集成的综合传感器 |
| 2014 年 1 月 | 麻省理工学院、斯坦福大学和福特建立合作,共同研发无人驾驶技术 |
| 2014 年 2 月 | 美国高通推出智能多媒体芯片组 AllPlay 以拓展物联网市场 |
| 2014 年 3 月 | 习近平访德提到德国工业 4.0 战略,吹响了"中国制造 2025 规划"的号角 |
| 2014 年 5 月 | Google 的无人驾驶汽车正式面世 |
| 2014 年 9 月 | 英特尔推出面向可穿戴物联网设备开发者的 Edison 芯片<br>博通公司推出集成了温度计、加速器、陀螺仪、指南针、压力传感器等售价仅为 20 美元的物联网芯片开发套件 Wiced<br>ARM 公司推出了 cortex-MT 的处理器设计方案 |
| 2015 年 1 月 | 德国、英国、日本政府开始研究无人驾驶技术 |
| 2015 年 8 月 11 日 | 微软发布 Windows 10 物联网版本 |
| 2015 年 9 月 8 日 | 百度发布物联网平台 BaiduIOT |
| 2015 年 10 月 9 日 | 亚马逊推出物联网应用平台 AWS IOT |
| 2015 年 10 月 23 日 | 日本政府成立产学官互助组织"物联网推进联盟" |
| 2015 年 11 月 | 蓝皮技术升级推动物联网发展 |
| 2015 年 12 月 | IBM 的沃森物联网全球总部在慕尼黑开张 |

# 附录 C 物联网词汇中英对照表

| 英文名称 | 英文缩写 | 中文翻译 |
|---|---|---|
| The Internet of Things | IOT | 物联网 |
| 1-Bit Transponder | | 1 位询答器 |
| 2D Matrix Code | | 矩阵式二维条形码 |
| 2D Scanner | | 二维条形码扫描枪 |
| 2D Stacked Code | | 堆栈式二维条形码 |
| Abstract Data Model Layer | | 抽象数据模型层 |
| Action Threat | | 动作威胁 |
| Active | | 主动式 |
| Active Tag | | 主动式标签 |
| Adaptive Binary Tree | ABT | 可调适二元树 |
| Air Interface | | 空中界面 |
| American National Standards Institute | ANSI | 美国国家标准协会 |
| Amplifier | AMP | 扩大器 |
| Amplitude-Shift Keying | ASK | 幅移键控 |
| Antenna | | 天线 |
| Anti-Collision | | 防碰撞 |
| Application Family Identifier | AFI | 应用系列产品识别码 |
| Application Identifier | | 应用识别码 |
| Application Level Events | ALE | 应用层事件标准 |
| Application Program Interface | API | 应用程序界面 |
| Application System | | 应用系统 |
| Association for Automatic Identification and Mobility | AIM | 自动识别和行动技术协会 |
| Association Threat | | 关联威胁 |
| Auto-ID Center | | Auto-ID 中心 |
| Auto-ID Laboratory | Auto-ID Lab | Auto-ID 实验室 |
| Auto-ID System | | 自动识别系统 |
| Automatic Identification | Auto-ID | 自动识别 |
| Automatic Identification Data Capture | AIDC | 自动识别数据撷取 |
| Automatic Identification Manufacturers | AIMUSA | 美国自动识别协会 |
| Automatic Identification System | AIS | 自动识别系统 |
| Automotive Industry Action Group | AIAG | 美国汽车工业行动集团 |

| 英文名称 | 英文缩写 | 中文翻译 |
| --- | --- | --- |
| Availability | | 可用性 |
| Backscatter Coupling | | 反向散射耦合 |
| Backscattering Data Signal | | 反向散射数据信号 |
| Bar Code | | 条形码 |
| Bar Code System | | 条形码系统 |
| Barcode | | 条形码 |
| Battery Backup | | 电池备援 |
| Binary Phase-Shift Keying | BPSK | 二阶相移键控 |
| Binary Search | | 二元搜寻法 |
| Biometric | | 生物特征 |
| Biometric Recognition | | 生物辨识 |
| Blocker Tag | | 阻挡标签 |
| Breadcrumb Threat | | 面包屑威胁 |
| Business Step | | 商业流程 |
| Business Vocabulary | | 商用字汇 |
| Character Self-Checking | | 字符自我检查 |
| Check Digit | | 检核码 |
| Chip | | 芯片 |
| Chip Cards | | 芯片卡 |
| Choose Location | | 选择位置 |
| Close Coupling | | 近耦合 |
| Close Coupling Card | | 近耦合卡 |
| Code Set | | 代码集 |
| Codeword | | 字码 |
| Coding | | 编码 |
| Collision | | 碰撞 |
| Co-Managed Inventory | CMI | 共同管理存货 |
| Competitive Marketing Threat | | 营销竞争威胁 |
| Composite | | 混合体 |
| Confidentiality | | 机密性 |
| Constellation Threat | | 群聚威胁 |
| Contactless Smart Card | | 非接触式智慧卡 |
| Controller | | 控制器 |
| Corporate Espionage Threat | | 公司刺探威胁 |
| Coupling | | 耦合 |
| Customer Relationship Management | CRM | 客户关系管理 |

续 表

| 英文名称 | 英文缩写 | 中文翻译 |
|---|---|---|
| Cyclic Redundancy Check | CRC | 循环冗余检查 |
| Data Carrier | | 资料载体 |
| Data Character | | 数据字符 |
| Data Definition Layer | | 数据定义层 |
| Data Field | | 数据域位 |
| Data Transfer Rate | | 数据传输率 |
| Decoder | | 译码器 |
| Defense Logistics Agency | DLA | 联勤署 |
| Denial of Service | DoS | 阻断服务 |
| Domain Name Service | DNS | 网域名称解析服务 |
| Dot | | 点 |
| Double-Sideband Amplitude Shift Keying | DSB-ASK | 双边带幅移键控 |
| EAN International | | EAN 国际标准组织 |
| EAN. UCC System | | EAN. UCC 系统 |
| EANCOM | | EAN 国际 EDI 讯息标准 |
| Eavesdropping | | 窃听 |
| Electromagnetic Backscatter Coupling | | 电磁反散射耦合 |
| Electronic Article Surveillance | EAS | 商品电子防盗系统 |
| Electronic Bill of Rights | | 电子权利法草案 |
| Electronic Data Interchange | EDI | 电子数据交换 |
| Electronic Privacy Information Center | EPIC | 美国电子隐私信息中心 |
| Electronic Product Code | EPC | 产品电子码 |
| Enterprise Resource Planning | ERP | 企业资源规划 |
| Entity and Economy TRON | eTRON | 实体经济架构 |
| EPC Information Services | EPCIS | EPC 信息服务系统 |
| EPC global | | 全球产品电子代码中心 |
| EPC global China | | EPC global 中国 |
| EPC global Network | | EPC global 网络 |
| Erasure Correction | | E 错误修正 |
| Error Correction | | 错误修正 |
| Error Correction Character | | 错误修正字符 |
| Error Detection | | 错误侦测 |
| European Article Number | EAN | 欧洲商品条形码 |
| European Article Number | EAN | 欧洲商品条形码协会(旧称) |
| European Article Numbering Association | EANA | 欧洲商品条形码协会 |
| Event Cycle Specification | ECSpec | 事件周期 |

| 英文名称 | 英文缩写 | 中文翻译 |
|---|---|---|
| eXtensible Markup Language | XML | 可延伸式标记语言 |
| Faraday's Cage | | 法拉第笼 |
| Fast Moving Consumer Good | FMCG | 快速移转消费产品 |
| Finder Pattern | | 定位图形 |
| Frequency-Shift Keying | FSK | 频移键控 |
| GDSN Service | | GDSN 服务 |
| General Identifier | GID | 基础编码方式 |
| General Manager Number | | 一般管理者代码 |
| Global Commerce Initiative | GCI | 全球商务创建会 |
| Global Data Dictionary | GDD | 全球化数据字典 |
| Global Data Synchronization Network | GDSN | 全球数据同步网络 |
| Global Location Number | GLN | 全球位置码 |
| Global Product Classification | GPC | 全球产品分类系统 |
| Global Registry | GR | GS1 全球注册中心 |
| Global Standard Management Process | GSMP | 全球标准管理程序 |
| Global Tag | GTAG | 全球标准标签 |
| Global Trade Item Number | GTIN | 全球交易品项识别代码 |
| Handheld Reader | | 手持式读取器 |
| Hash lock | | 杂凑锁 |
| Hash-chain | | 杂凑链 |
| Header | | 标头 |
| Health & Life Science | HLS | 健康医疗产业 |
| Health Industry Business Communication Council | HIBCC | 美国制药团体事务管理协会 |
| High Frequency | HF | 高频 |
| Home Data Pool | | 本地数据库 |
| Hostile Code Propagation | | 恶意编码传播 |
| Identification Code | ID Code | 识别码 |
| Image Scanner | | 照相扫描枪 |
| Inductive Coupling | | 感应耦合 |
| Infrastructure Threat | | 基础建设威胁 |
| In-Store Marking Barcode | | 店内条形码 |
| Integrity | | 真确性 |
| International Organization for Standardization | ISO | 标准化国际组织 |
| International Standard Book Number | ISBN | 国际标准书号 |
| International Standard Serial Number | ISSN | 国际标准期刊号 |
| Interrogator | | 卡片阅读机 |

| 英文名称 | 英文缩写 | 中文翻译 |
|---|---|---|
| Iris Recognition | | 虹膜辨识 |
| Item Management | | 品项管理 |
| Jamming | | 主动干扰 |
| Japanese Article Number Code | JAN Code | JAN 码 |
| Johnson & Johnson | | 琼森 |
| Kill Command | | 卷标销毁指令 |
| Language Identification | LID | 语音识别 |
| Line of Sight | LoS | 直视性 |
| Location Number | | 地址码 |
| Location Threat | | 位置威胁 |
| Logistic Management | | 物流管理 |
| Los Alamos Scientific Laboratories | LASL | Los Alamos 科学实验室 |
| Low Frequency | LF | 低频 |
| Magnetic Stripe | | 磁条 |
| Magstripe | | 磁条 |
| Management Execution System | MES | 管理执行系统 |
| Manchester | | 曼彻斯特 |
| Manchester Code | | 曼彻斯特码 |
| Manchester Coding | | 曼彻斯特编码 |
| Massachusetts Institute of Technology | MIT | 麻省理工学院 |
| Messaging Transport Binding | MTB | 消息传输绑定 |
| Metal-Oxide-Semiconductor Field-Effect Transistor | MOSFET | 金氧半场效晶体管 |
| Micro Wave | | 微波 |
| Microprocessor Control Unit | MCU | 微处理机控制单元 |
| Microwave | | 微波 |
| Middleware | | 中介软件 |
| Modulation | | 调变 |
| Mounted Reader | | 挂载型读取器 |
| Multi-Row Symbology | | 多层符号 |
| Naming Authority Pointer | NAPTR | 命名权限指针 |
| NAND Memory Storage | | NAND 内存储存区 |
| National Product Code | NPC | 国家产品代码 |
| $n$-Bit Transponder | | $n$ 位询答器 |
| Network Reader | | 网络型读取器 |
| Non-Line of Sight | NLOS | 非直视性 |
| Non-Return to Zero | NRZ | 不归零编码（一种信号之数字编码方式） |

续 表

| 英文名称 | 英文缩写 | 中文翻译 |
|---|---|---|
| Object Class | | 对象类别 |
| Object Class Code | | 对象类别码 |
| Object Name Service | ONS | 对象名称解析服务 |
| One Dimension | 1D | 一维 |
| Optical Character Recognition | OCR | 光学文字辨识 |
| Orientation Cluster | | 方位丛 |
| P&G | | 宝侨 |
| Passive | | 被动式 |
| Passive Tag | | 被动式标签 |
| Phase-Reversal Amplitude Shift Keying | PR-ASK | 逆相位幅移键控 |
| Phase-Shift Keying | PSK | 相移键控 |
| Physical Markup Language | PML | 实体标记语言 |
| Point of Sale | POS | 销售时点系统 |
| Poll Mode | | 被动的同步模式 |
| Portable Data File | PDF | 可移植性数据文件 |
| Portal Reader | | 拱门型读取器 |
| Power Supply | | 电力供应器 |
| Preference Threat | | 偏好威胁 |
| Primary Message | | 主要讯息 |
| Product Markup Language | PML | 产品标记语言 |
| Proximity Card | | 近傍型卡 |
| Query Tree Protocol | Q Protocol | Q协定 |
| Radio Frequency | RF | 无线射频 |
| Radio Frequency Identification | RFID | 无线射频识别 |
| Read Only | RO | 只读 |
| Read Point | | 读取点 |
| Read/Write | RW | 可擦写 |
| Reader | | 读取器 |
| Reader Collision | | 读取器碰撞 |
| Reader/Writer | | 读写器 |
| Real-time Locating System | | 立即寻址系统 |
| Receiver | | 接收器 |
| Replay Attack | | 重送攻击 |
| Resolver | | 解析器 |
| Responder | | 应答器 |
| RF Energizing Command Signal | | 射频能源指令信号 |

| 英文名称 | 英文缩写 | 中文翻译 |
| --- | --- | --- |
| RFID Bill of Rights | | RFID权利法草案 |
| RFID Codec | | RFID编/译码器 |
| Secondary Message | | 次要信息 |
| Security Box | | 安全盒 |
| Security Server | | 安全服务器 |
| Semi-Passive | | 半被动式 |
| Semi-Passive Tag | | 半被动式标签 |
| Sensor | | 传感器 |
| Serial Communication Interface | SCI | 序列通信接口 |
| Serial Number | | 序号 |
| Serial Reader | | 串行端口型读取器 |
| Serial Shipping Container Code | SSCC | 运送容器序号 |
| Services Layer | | 服务层 |
| Single-Sideband Amplitude Shift Keying | SSB-ASK | 单边带幅移键控 |
| Sleeping Command | | 卷标休眠指令 |
| Slotted Terminal Adaptive Collection | STAC | 固位终端自动采集 |
| Smart Card | | 智慧卡 |
| Smart Label | | 智能型标签 |
| Smart Tag | | 智能标签 |
| Smartcard | | 智慧卡 |
| Source Marking Barcode | | 原印条形码 |
| Specify Boundaries | | 指定边界 |
| Specify Report Content | | 订定报告内容 |
| Speech Recognition | | 语音辨识 |
| Spoofing | | 假冒 |
| SQL Injection | | 隐码攻击(SQL注入) |
| Standardization Administration of China | SAC | 中国标准化管理部门 |
| Stationary Reader | | 固定型读取器 |
| Structured Query Language | SQL | 结构化查询语言 |
| Subscribe Mode | | 登录模式 |
| Supply Chain | | 供应链 |
| Symbol Character | | 符号字符 |
| Symbol Technologies | | 美国符号科技 |
| Tag | | 卷标(电子卷标) |
| T-Engine Forum | | T-引擎论坛 |
| Tesco | | 特易购 |

| 英文名称 | 英文缩写 | 中文翻译 |
| --- | --- | --- |
| Transaction Threat | | 交易威胁 |
| Transceiver | | 收发器 |
| Transmitter | | 发射器 |
| Transponder | | 询答器 |
| Transportation & Logistics Services | TLS | 运输物流产业 |
| Trust Perimeter Threat | | 信赖边界威胁 |
| Two Dimension | 2D | 二维 |
| Ubiquitous ID Center | uID Center | uID 中心 |
| Ultra High Frequency | UHF | 超高频 |
| Unauthorized Read | | 未经授权读取 |
| Unauthorized Write | | 未经授权写入 |
| Uniform Code Council | UCC | 统一编码协会 |
| Uniform Symbology Specification-Maxicode | USS-Maxicode | Maxicode 的另一种名称 |
| Unique Identifier | UID | 唯一识别码 |
| Unique Ubiquitous Identification Code | Ucode | 唯一泛在识别码 |
| United Parcel Service | UPS | 联合包裹服务公司 |
| Universal Asynchronous Receiver/Transmitter | UART | 通用异步收发器 |
| Universal Grocery Product Identification Code | UGPIC | 联合产品识别码 |
| Universal Product Code | UPC | 通用产品代码 |
| Vicinity Card | | 近距型卡 |
| Wake Up | | 唤醒 |
| Wal-Mart | | 渥尔玛(美国最大的零售商) |
| Write Once Read Many | WORM | 一写多读 |
| Writer | | 写入器 |